新设计丛书

最新办公空间设计

WEMADE 编
丁继军 魏小娟 范明懿 译

中国水利水电出版社
www.waterpub.com.cn

内容提要

本书收录了38个最新办公空间设计实例，这些案例均由国外新锐设计师完成。图片内容丰富，包括全景、局部、平面图等，文字叙述详细，言简意赅。非常适合室内、建筑、环境设计类专业设计师及相关院校师生参考借鉴，也可供办公商厦管理人员学习参考。

图书在版编目（CIP）数据

最新办公空间设计 / 唯美传媒编 ; 丁继军，魏小娟，范明懿译. -- 北京 : 中国水利水电出版社，2012.11
（新设计丛书）
ISBN 978-7-5170-0308-3

Ⅰ. ①最… Ⅱ. ①唯… ②丁… ③魏… ④范… Ⅲ. ①办公室－室内装饰设计－世界－图集 Ⅳ. ①TU243-64

中国版本图书馆CIP数据核字(2012)第253610号

书　　名	新设计丛书 **最新办公空间设计**
作　　者	WEMADE 编　丁继军　魏小娟　范明懿　译
出版发行	中国水利水电出版社 （北京市海淀区玉渊潭南路1号D座　100038） 网址：www.waterpub.com.cn E-mail：sales@waterpub.com.cn 电话：（010）68367658（发行部）
经　　售	北京科水图书销售中心（零售） 电话：（010）88383994、63202643、68545874 全国各地新华书店和相关出版物销售网点
排　　版	唯美传媒
印　　刷	北京博图彩色印刷有限公司
规　　格	215mm×225mm　大20开本　12印张　180千字
版　　次	2012年11月第1版　2012年11月第1次印刷
印　　数	0001—3000册
定　　价	68.00元

凡购买我社图书，如有缺页、倒页、脱页的，本社发行部负责调换

版权所有·侵权必究

最新
办公空间
设计

目录 | CONTENTS

印度设计师 Collaborative Architecture 为 Bajaj Electrical 公司设计了办公室。办公室中包含了所有的功能性区域，例如会议室、办公区域等，同时本设计具有极强的建筑美感，能够极大地调动员工的工作效率。

该办公室各个智能空间分布齐全，办公区域包括高级管理层办公室、中层管理者和行政人员办公室、普通员工区和服务区。设计还强调有正交空间的办公室，符合印度传统的风水学原则。此外，设计中还有一个矩形空间，以迎合印度传统风水观。

会议室恰好将公共区域和办公区域分离开来。深色和浅色之间的强烈反差也为这两个区域之间画上了明显的界限。

室内高层办公区域、会议室、员工多功能厅等都位于整个室内的一侧，这样员工区域在白天就能最大程度地采到自然光。

独立办公室四周围着玻璃，可与员工区分割开，阳光可以透过玻璃照射进去。同时，设计师还在墙面上设计了一些图画，以确保屋内的办公隐私。

BAJAJ 集团办公室

设计公司 : Collaborative Architecture

设计师 : Lalita Tharani, Mujib Ahmed

摄影师 : Lalita Tharani

TWO
THREE

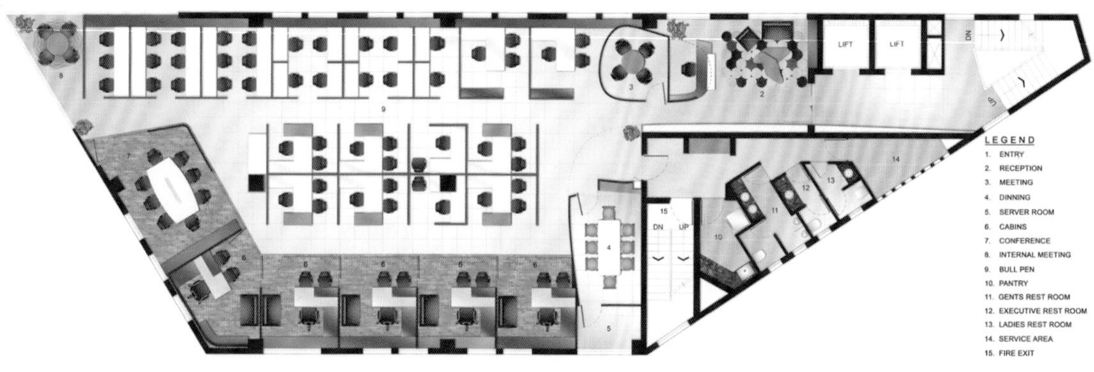
LIFT
LIFT
DN
UP
LEGEND
1. ENTRY
2. RECEPTION
3. MEETING
4. DINNING
5. SERVER ROOM
6. CABINS
7. CONFERENCE
8. INTERNAL MEETING
9. BULL PEN
10. PANTRY
11. GENTS REST ROOM
12. EXECUTIVE REST ROOM
13. LADIES REST ROOM
14. SERVICE AREA
15. FIRE EXIT

COMPUTERLAND 公司位于贝尔格莱德 Lord Vučića 大街 176 号的 Vetprom 商务办公大楼内。Vetprom 大楼由著名建筑师、贝尔格莱德建筑学院教授 Milan Lojanica 于 1969 年与建筑师 P. Krasojević, B. Hajdin, P. 以及 N. Cagić blueberry 共同设计建造。

“如果说一个时代的建筑是反映这个时代百态的镜子，那么未来建筑将直接依赖于我们的未来生活。” 建筑师 Milan Lojanica 如是说。为了与新的社会进程、知识层面以及时尚潮流相一致，与现代建筑的精神相吻合，设计师在这座大楼的内部构建了一个全新的世界：电脑和现代游戏世界成了连接未来世界的桥梁。

设计师充分利用想象空间，创造了 COMPUTERLAND 的新世界。COMPUTERLAND 商业办公室总面积 600 平方米，但是配备家具设施之后，楼层面积为 400 平方米。根据客户的要求，室内将包含以下几个区域：入口、大厅、信息咨询室、两间独立办公室、会议室、开放式办公室（能够容纳 20 人办公）、档案室、厨房、浴室，以及男女卫生间。

黑色和白色是两种基本色，它们被广泛应用于此办公室的设计之中，此外绿色的运用将这两种基本色巧妙地结合在了一起。公司入口处是一条走廊。

家具都是为工作而特殊设计的，采用高质量的复合材料，被漆成白色和绿色，搭配黑色或绿色的配件，整个空间给人一种整洁、清爽的视觉效果。

设计师 : Vladimir Paripovic, Nebojsa Gavrilovic

摄影师 : Rade Kovac

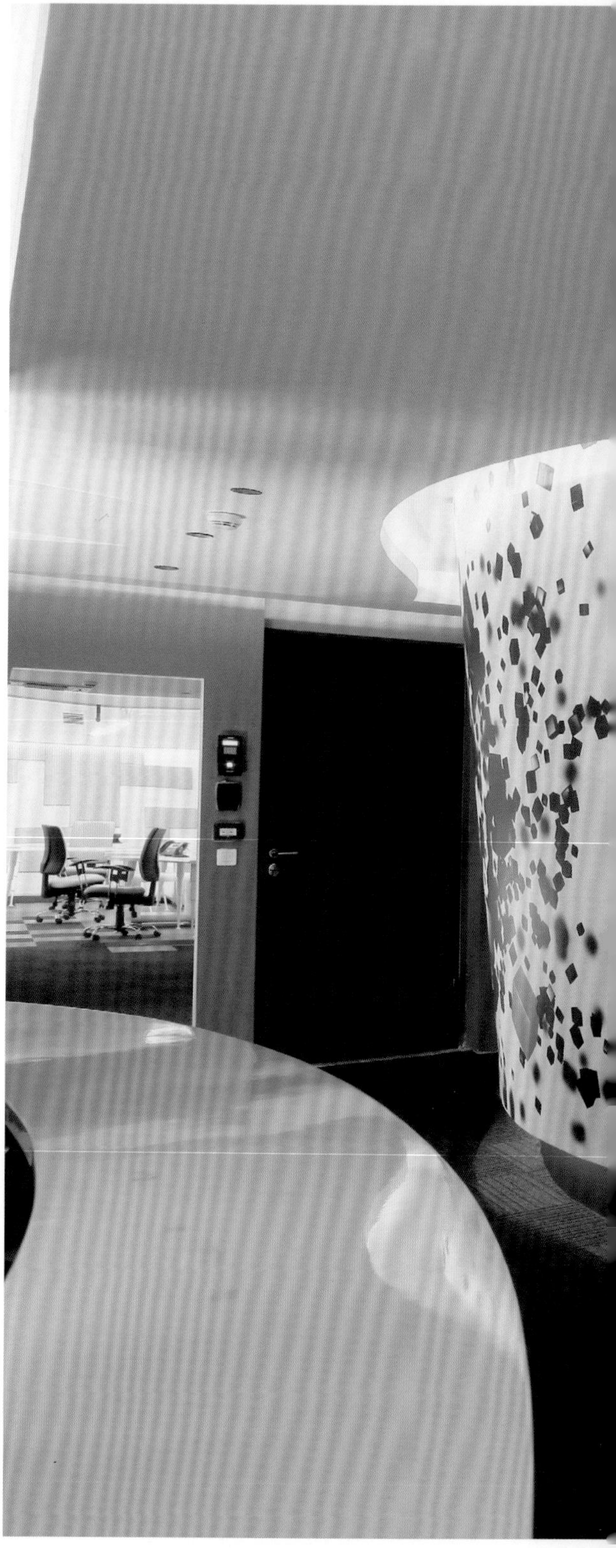

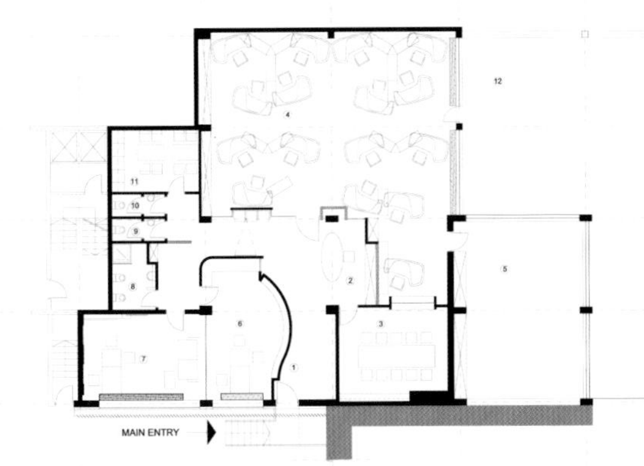
MAIN ENTRY
1
2
3
4
5
6
7
8
9
10
11
12

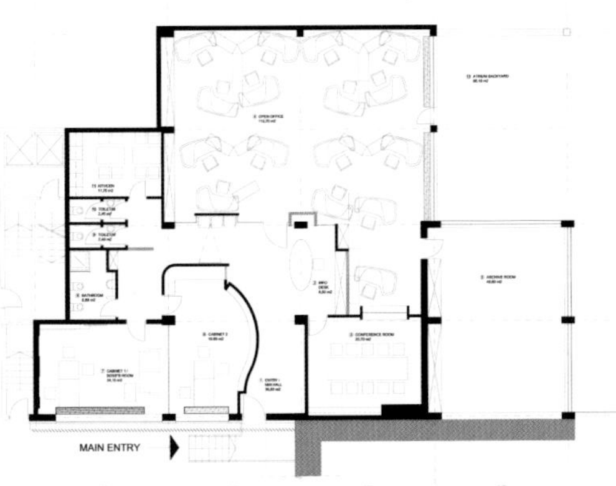
MAIN ENTRY

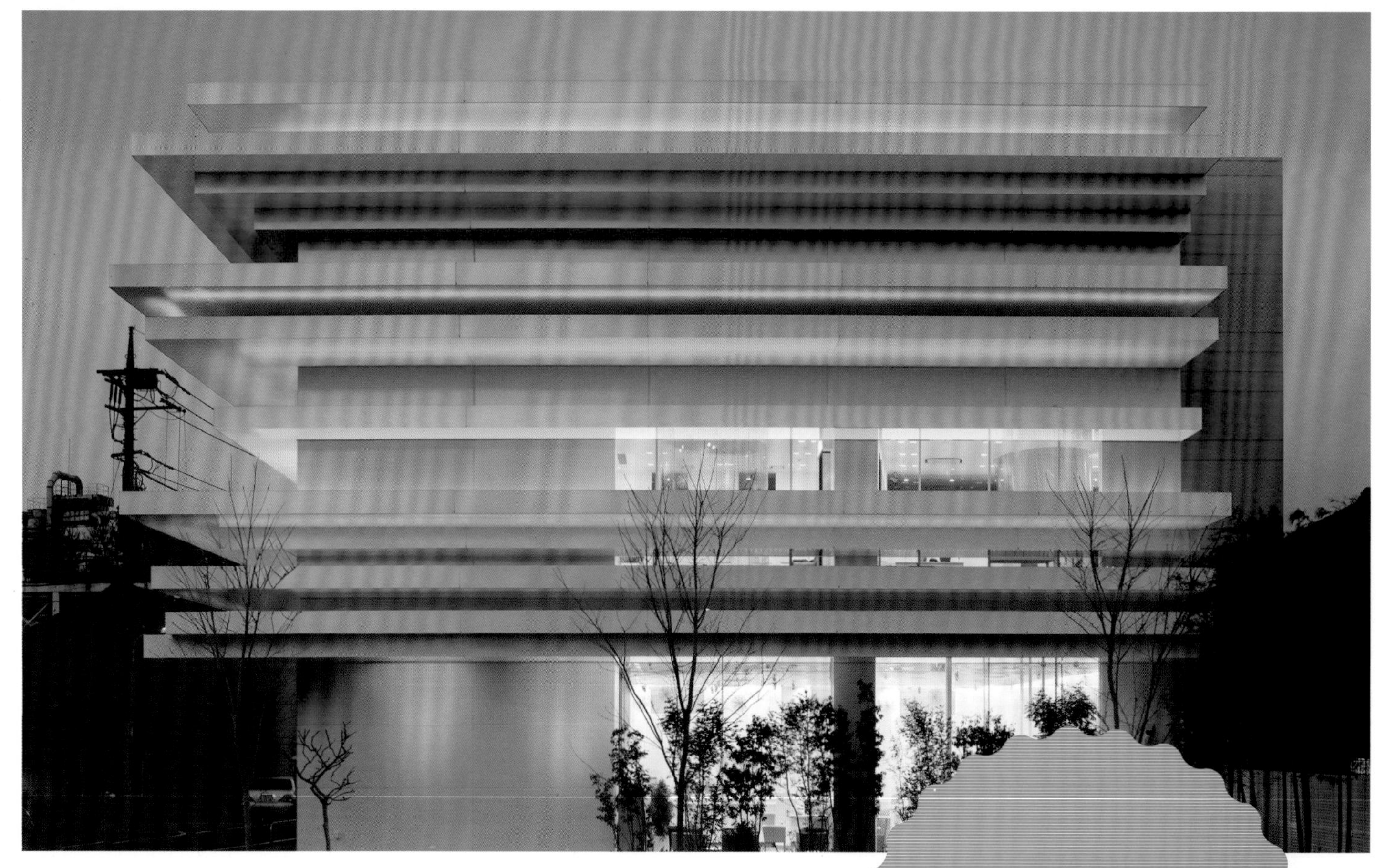

Sugamo Shinkin 银行

Sugamo Shinkin 银行是一家信用合作社，目的是为客户提供一流的服务，与其企业宗旨如出一辙："为客户服务，我们感到非常高兴。"在结束 Sugamo Shinkin 银行位于 Tokiwadai 和 Niiza 分行的设计之后，emmanuelle moureaux architecture + design 事务所再次受邀设计位于 Shimura 的支行。设计师想以天空为主题设计一种全新的氛围。

建筑外面有 12 层颜色各异的设计，就像是叠放在一起的彩虹欢迎顾客的到来。这些色彩映在白色的外立面上，显得温暖、柔和。晚上，这些色彩各异的堆积层发出微弱的光。光的变化受到季节和时间的影响，成就一幅很美的画。

走进银行，3 个椭圆形的天窗使室内充分沐浴在柔和的光亮下。客户偶然抬头可以看到头顶的一片天空，暂时忘却了疲惫。开阔的视野促使人们呼吸新鲜空气，身体充满活力。

屋顶上装饰着蒲公英，它们就像漂浮在天空中一样。在欧洲，有一个流传很久的习俗，吹蒲公英的时候可以许下愿望，一些绒毛在楼下翩翩起舞，一些随风飞向远方。

ATM 机、出纳窗口、咨询台和安置着 14 种颜色各异座椅的空间都位于一楼。

二楼是办公室、会议室和一个餐厅，三楼是员工更衣室。

设计公司 : emmanuelle moureaux architecture + design

设计师 : emmanuelle moureaux architecture + design

摄影师 : Nacasa & Partners Inc.

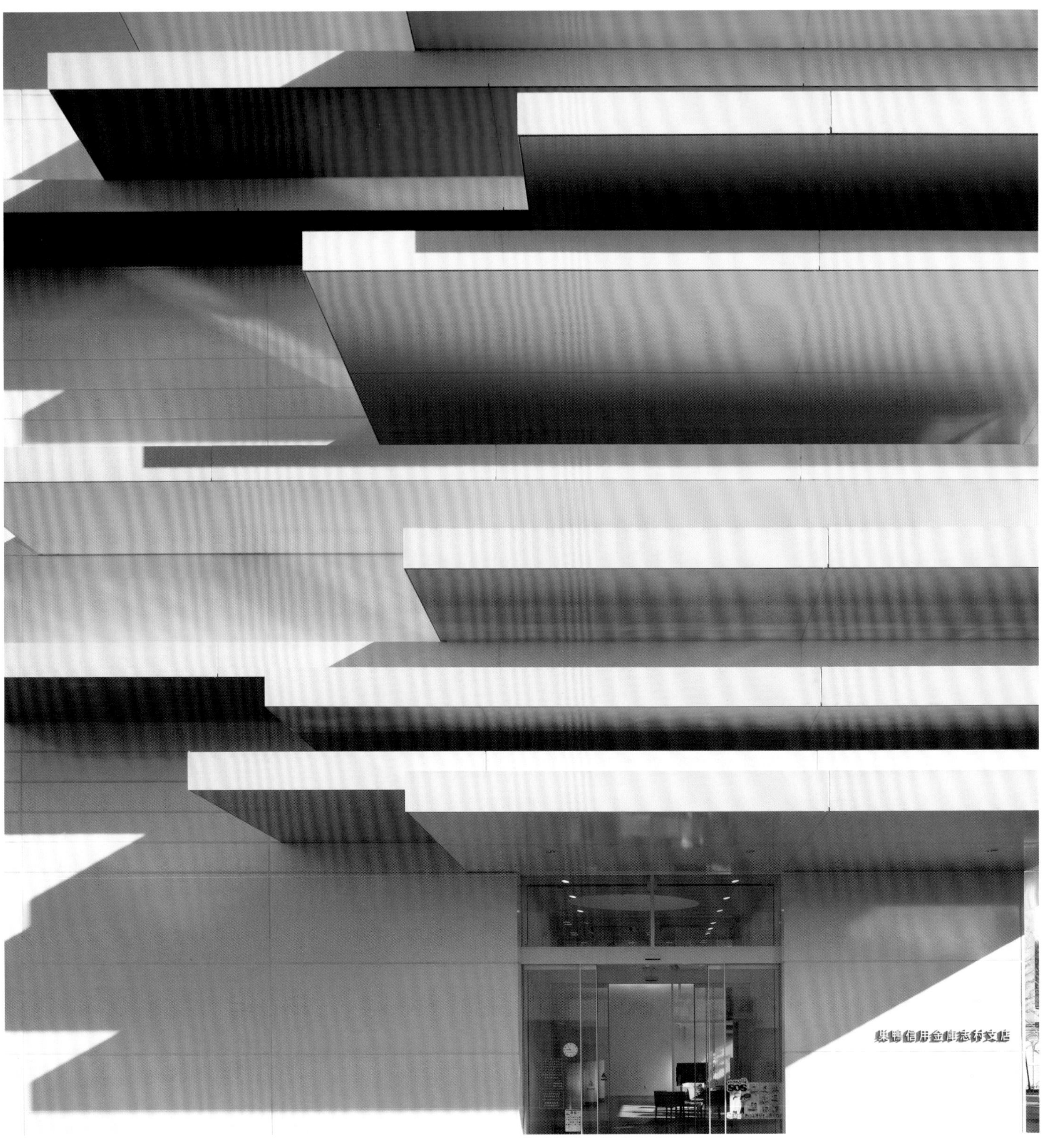
巣鴨信用金庫志村支店
SOS

Byronmuller 办公室

设计公司 : DARKITECTURA

设计师 : Julio Juárez Herrera

摄影师 : Yoshihiro Koitani

Byronmuller 是一家广告公司，设计师对这间 193 平方米的办公室进行了设计改造。

设计师在这个办公室中重新装上了隔板和玻璃，从而使整体空间看起来比原来大了一倍。

设计师创造了一个长达 18 米的陈列柜，这个不规则的柜子被安置在墙面上，可以作为存放资料、书籍之用。

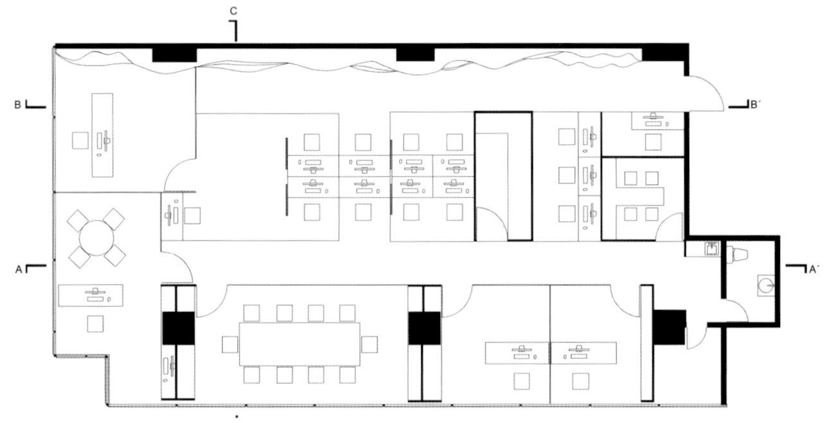
C
B
B´
A
A´

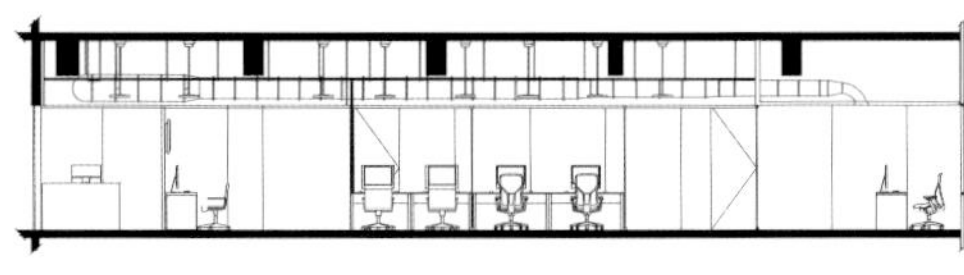

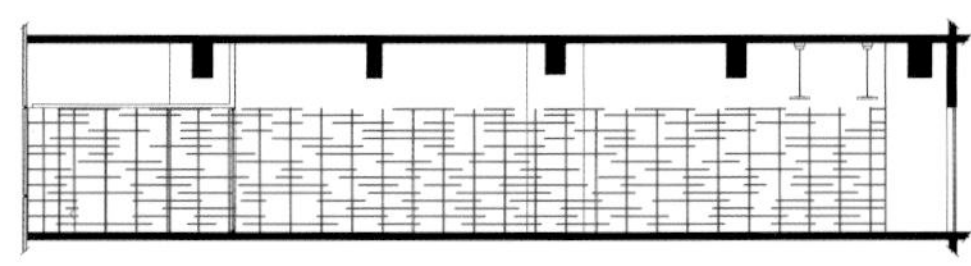

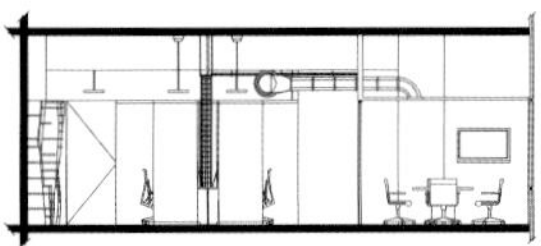

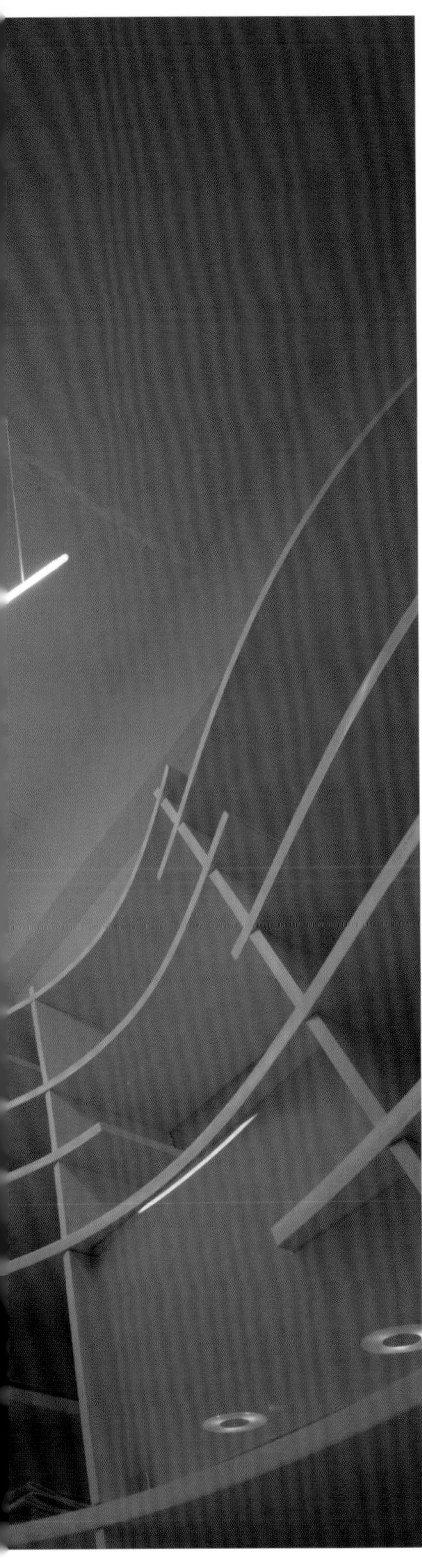

A VILLAGE BANGKOK + COOKIESDYNAMO 办公室

设计公司 : INTERIOR DESIGN FARM CO.,LTD.

设计师 : INTERIOR DESIGN FARM CO.,LTD.

摄影师 : Chanchanit Srisuwan

该办公室由三部分组成：会议室、前台接待区以及办公区。在这个小面积办公室的设计中，充分利用空间是一条主要标准。这三部分之间用推拉门连接，而这正是小面积空间设计中将各个功能性区域划分开来的一个简单有效的方法。推拉门上装有书架，便于员工放置笔记本、备忘录以及照片。

village&
cookies
hall
MY PERSONAL
POSSESSIONS
WITHOUT
THE
COLORS
IS
LIFELESS!
DESIGN
IS BORING
Smoking
kills
public
library

village&
cookies
hall
Chiangkhan@Thailand

的里雅斯特城是世界上最重要的港口之一，有着极大的咖啡贸易市场。Cogeco 是一家专门从事咖啡原材料和咖啡种植贸易的中介公司。本项目的主要内容包括为该公司的室内进行翻新设计，并且突出该公司的两大经营理念。

Cogeco 公司的大厅墙面由大量耐热材料叠加而成，一副抽象的世界地图赫然呈现在人们面前。

Cogeco 公司总部

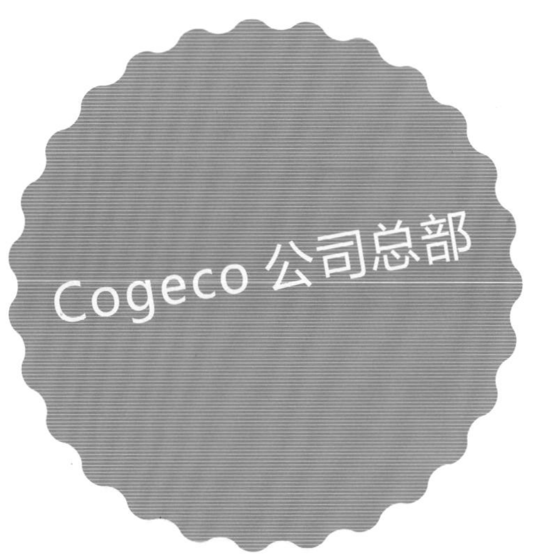

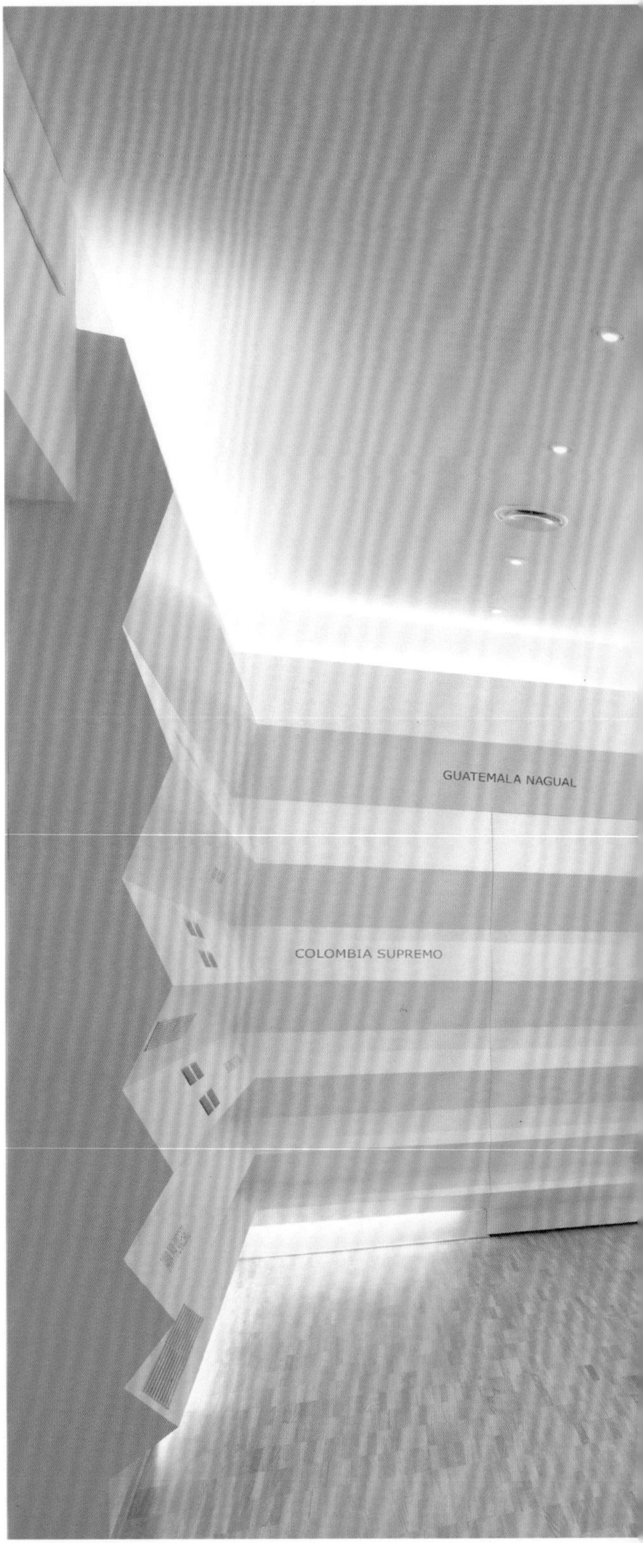

设计公司 : waltritsch a+u

设计师 : Dimitri Waltritsch

摄影师 : Marco Covi

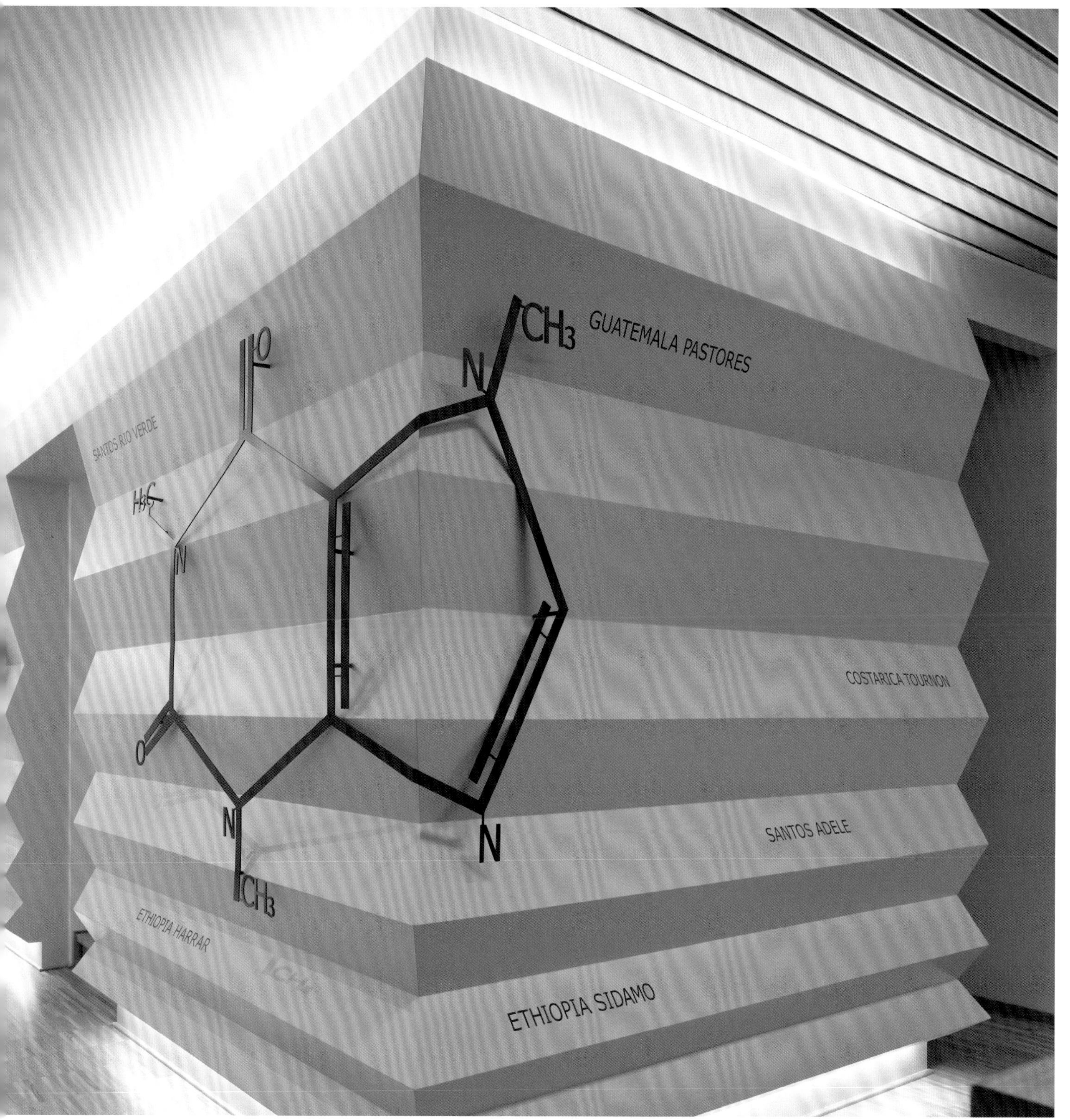
CH3
GUATEMALA PASTORES
O
N
SANTOS RIO VERDE
H3C
N
COSTARICA TOURNON
O
N
N
SANTOS ADELE
CH3
ETHIOPIA HARRAR
ETHIOPIA SIDAMO

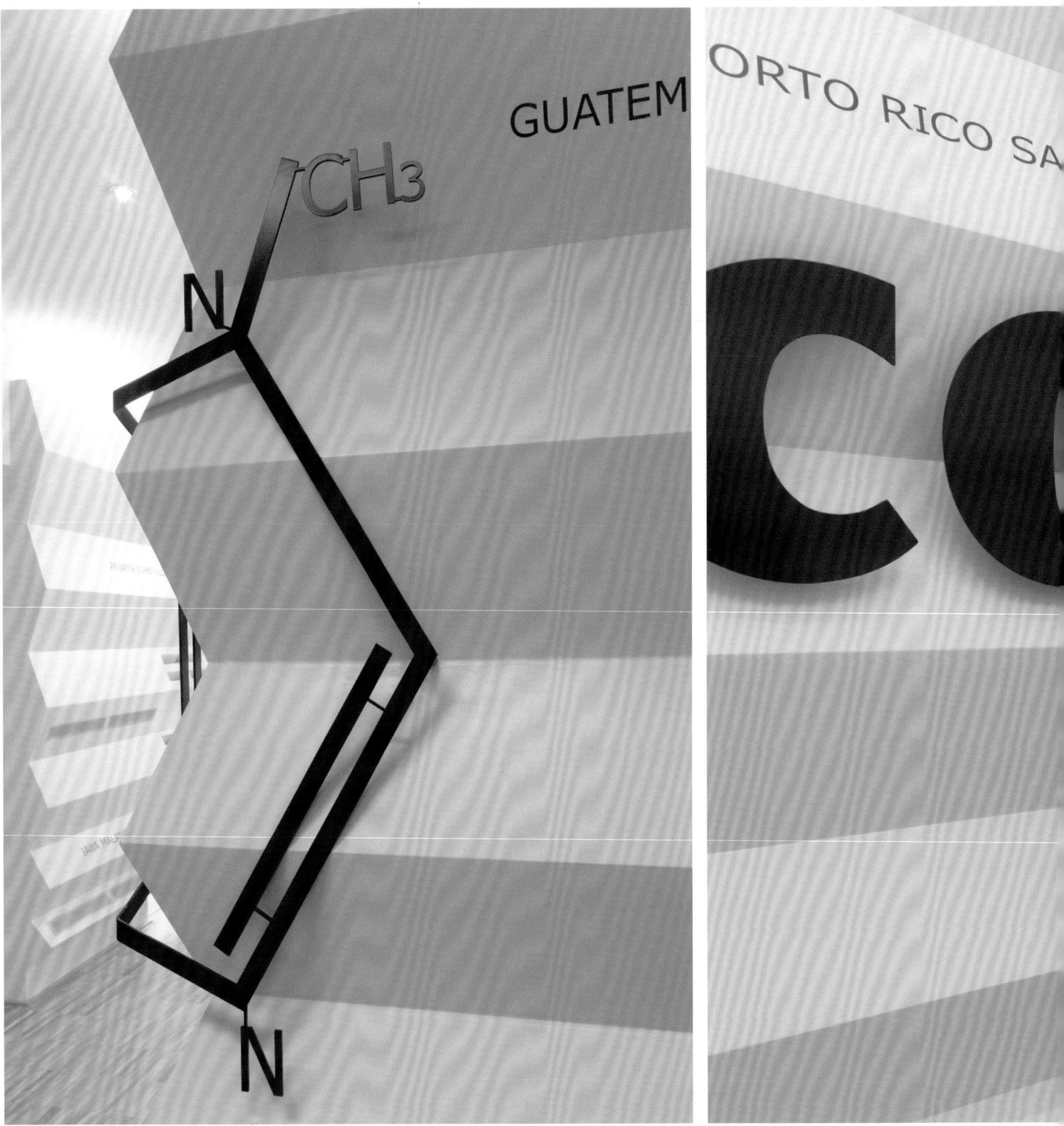
GUATEM
ORTO RICO SA
CH3
N
N
CO

SANTOS RIO VERDE
NICARAGUA MARAVILLA
ETHIOPIA HARRAR
INDIA KAAPI ROYAL

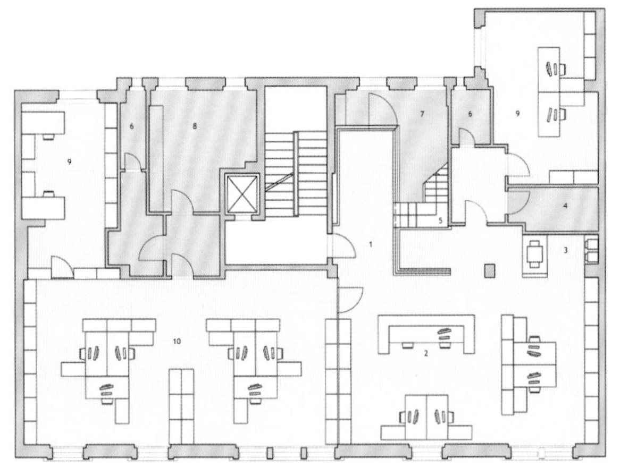
6
8
7
6
9
9
4
5
1
3
10
2

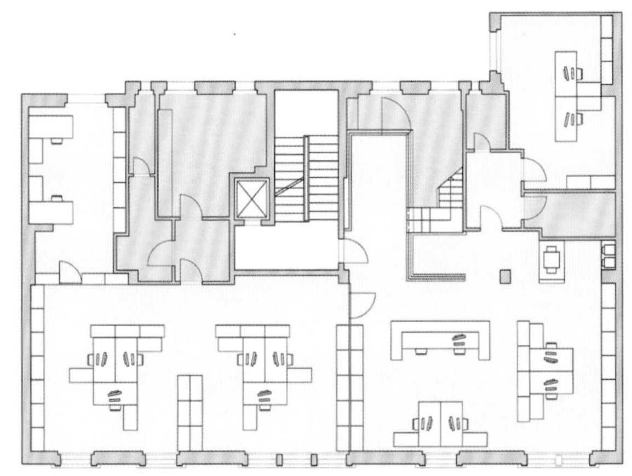

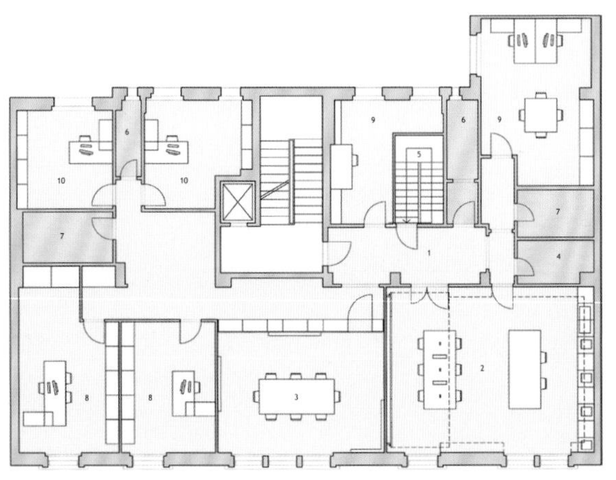
6
9
6
9
10
10
5
7
7
1
4
8
8
3
2

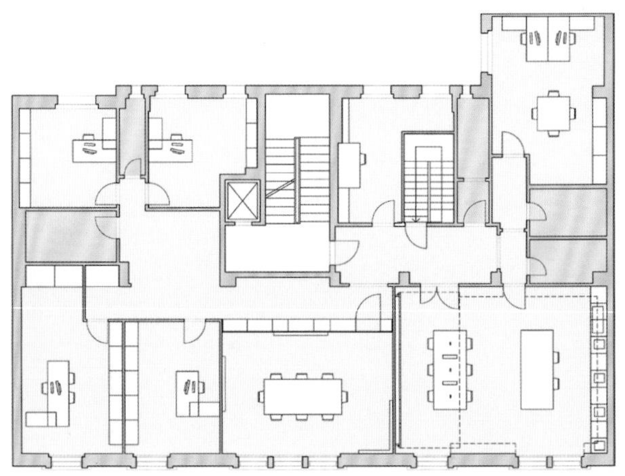

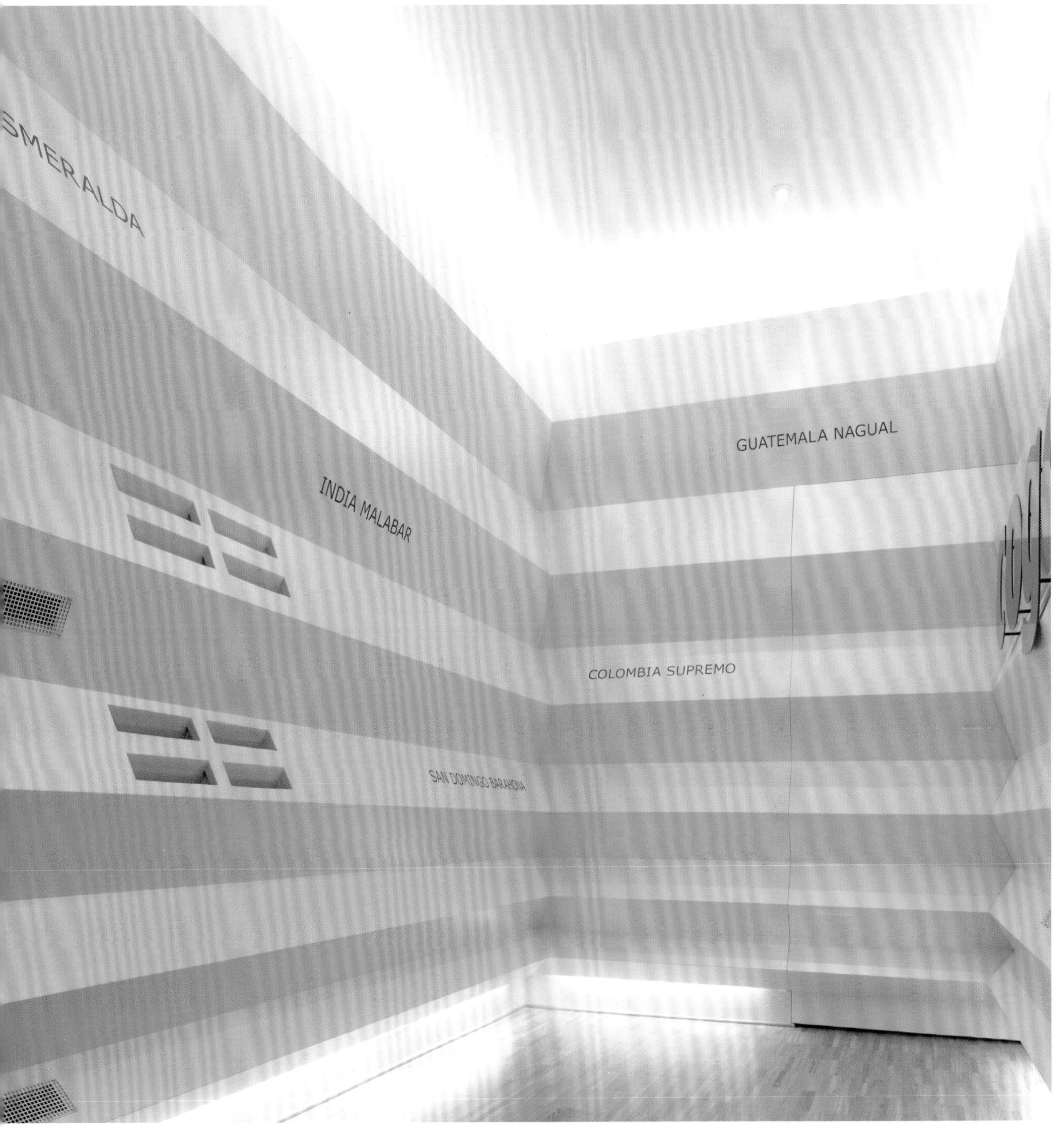
SMERALDA
INDIA MALABAR
GUATEMALA NAGUAL
COLOMBIA SUPREMO
SAN DOMINGO BARAHONA

设计公司 : Creneau International

设计师 : Davy Grosemans Wim Janssen

摄影师 : Philippe Van Gelooven

在 Creneau International 事务所，人们相信自己有权利提出非比寻常的想法。这个事务所的设计师对办公室内普适的设计规则不屑一顾，完全将自己想象中的律师事务所的样子展现了出来。在等候室的墙面上悬挂着两件艺术品，上面刻有事务所创始人和他儿子的签名，他们在用自己的方式欢迎来访者。

穿过会议室，就是光秃秃的楼梯被钢缆所固定。通过楼梯，可以看到几张定做的办公桌，桌子顶部的植物为整个空间增添了一丝温暖。此外，通过一个隐藏起来的楼梯，可以达到一间私人会议厅。堆满了假书的墙以及具有古典气质结构的屋顶，使这间会议厅与周围环境形成反差，更具创意。

设计公司：Rune Fjord Aps

设计师：Rosan Bosch Rune Fjord Rosan Bosch

摄影师：Anders Sune Berg

大学里面能拥有精美的室内环境吗？能在吊床上学习吗？如果你问哥本哈根大学或者 Rune Fjord and Rosan Bosch 设计公司，就会得到肯定的回答。传统的教学环境在 Try-Out 实验室中完全被颠覆。Try-Out 实验室的设计是未来的 KUA2 的设计典范，它将在 2013 年落成。落成之后，它将被用作学习和教学。

大学在退学高峰时度过了一段非常难熬的时间，学校和政治家都在想办法改善学习环境。但遗憾的是，很多人都忽略了一点，那就是一个良好的学习环境受到主观因素和空间环境的影响。空间分布和室内设计既能成为学生学习的阻力，同时也能成为学习的催化剂。因此，Rune Fjord 与 Rosan Bosch 合作设计了这个有趣的学习环境。Try-Out 由学术中心、三个教室以及一个广场组成。在教室里，你可以看到柔软的沙发，形状规则的桌子，色彩丰富的挂毯。在学术中心，你甚至能看到吊床以及口感醇厚的咖啡。

同时，室内的空间结构使得学习成为一种体验：学生在学习的过程中处处都能学到知识，它们就像鱼在知识的海洋中约会一样，置身一个奇妙的学习环境中。新安装的门打破了传统的教学环境的模式，使学生感觉更加轻松自在。

哥本哈根大学实验室

Chandler Chicco Agency 办公室

Chandler Chicco Agency 办公室位于加利福尼亚州的圣塔莫妮卡，设计师的任务是将这个面积达到 6000 平方英尺的公共空间翻新，作为这家广告与公关公司的办公室。设计项目的重点在于创造出一个综合性的具有工厂特点的美学空间，可以通过充分利用并且突出原先的建筑结构来实现这一点，例如突出钢梁和柱子的结构。其他元素，如混凝土、木地板、暴露在外的 HVAC 管道和钢筋的使用横穿了整个室内空间。一楼是开放式的空间，阁楼上有一个会议室。穿过一楼的咖啡厅和长廊，人们可直接进入露天就餐区域。此外，一楼有很多窗户，采光性很好。

设计公司 : Studio D+FORM

设计师 : James Harkrider

摄影师 : Daniel Loscascio Photography

THE FREEDOM TO SEE

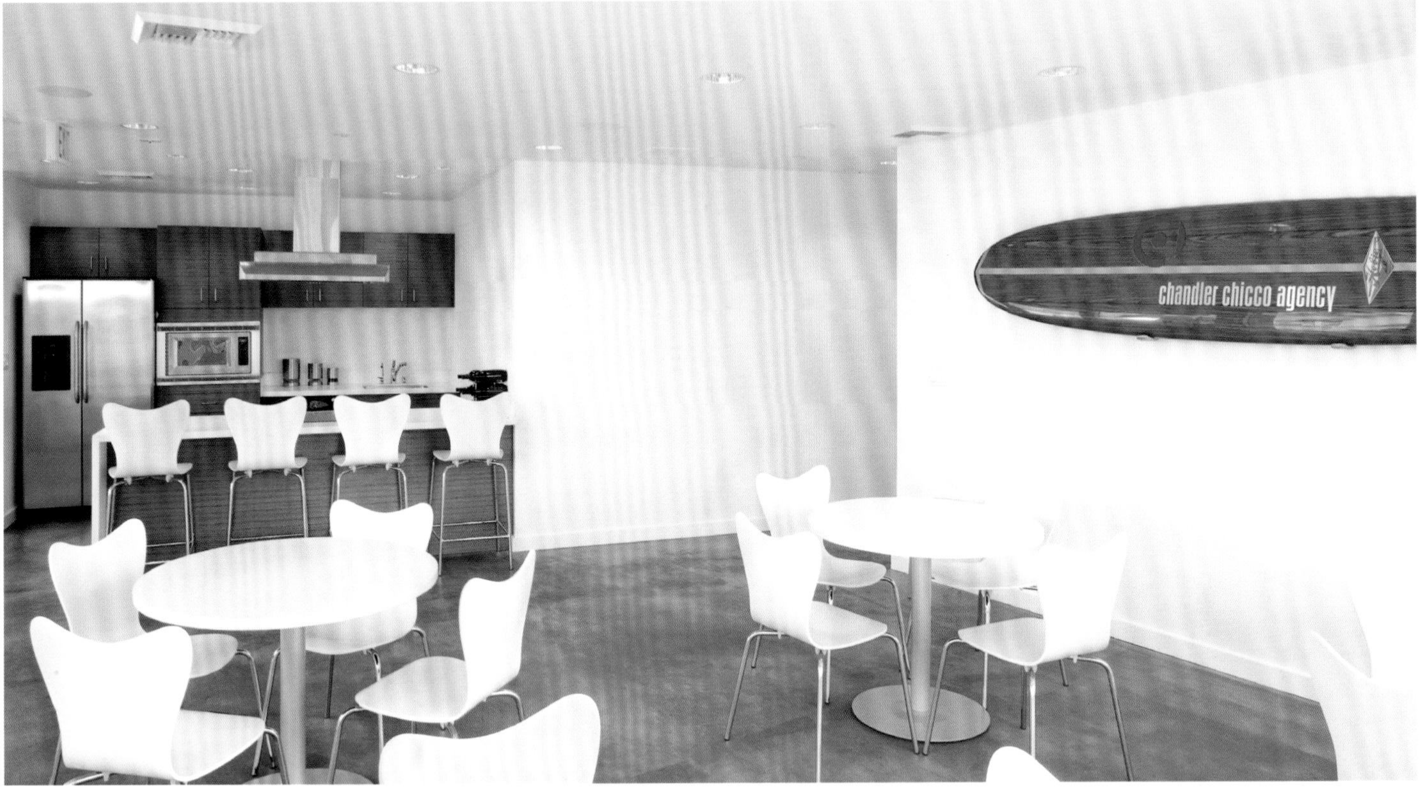
chandler chicco agency

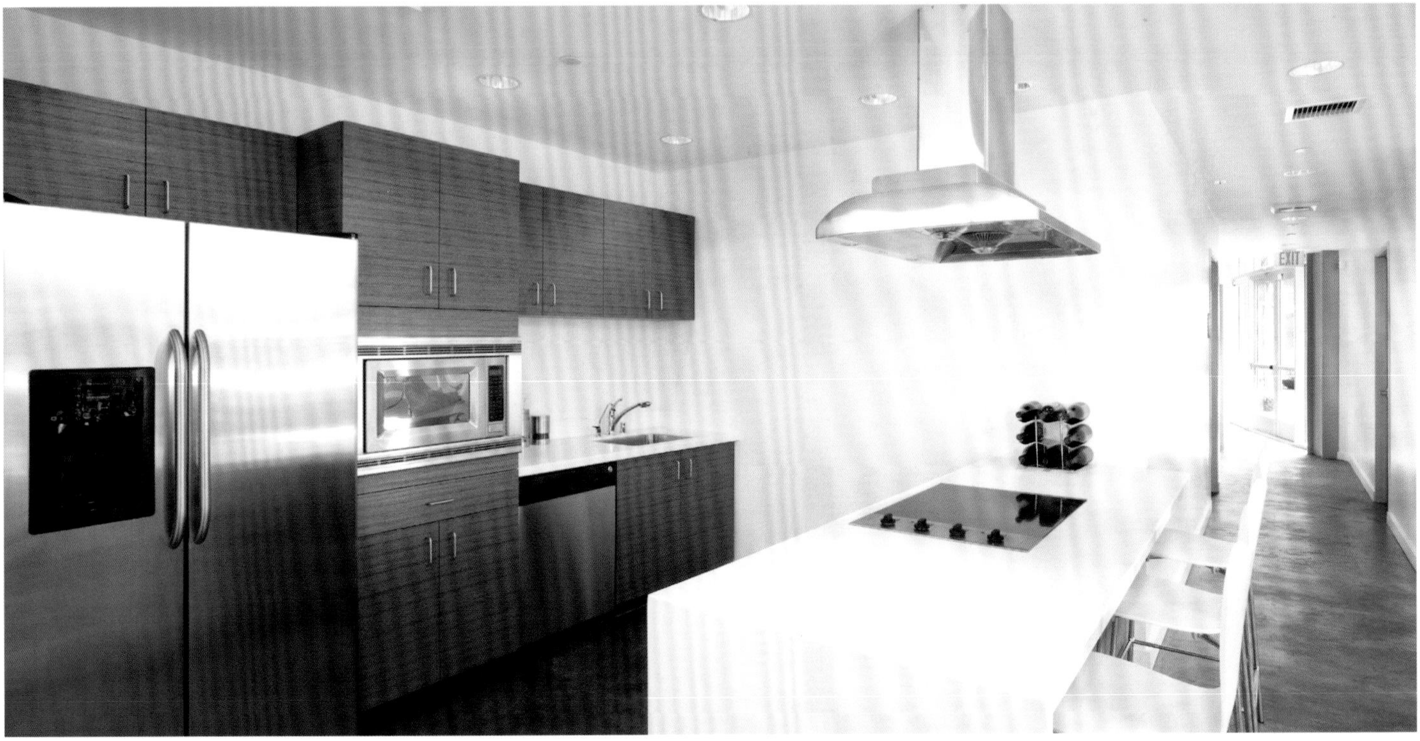
EXIT

设计公司 : archimedialab

设计师 : Bernd Lederle，Wolfgang Heckmann，Tina Kierzek

Tilo Weber，Katharina Schneider ，Jonas Beer

Achim Zumpfe，Andreas Mallin，Berthold Schröder

Built Landscape

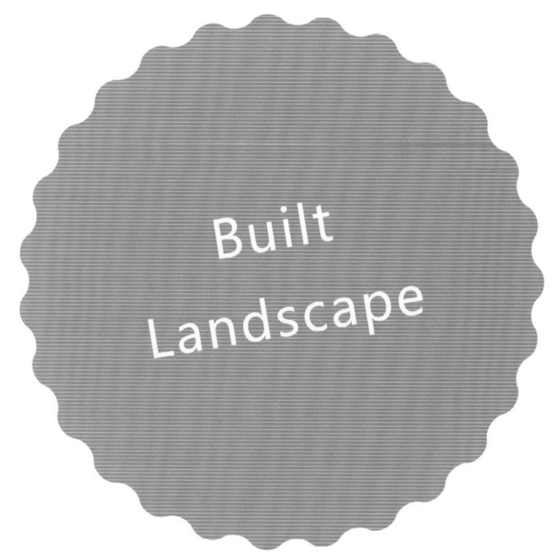

Archimedialab 事务所为 ZMS 施万多夫焚化场建造了这座行政楼。设计师的目的在于新建行政楼，重建发电机组以及建设全新的噪声隔离设施。

此设计项目中，大多数建筑材料的来源都与周围的景观环境相关，发电站以及铝工业文化遗产基地都位于此建筑设计项目周边。景观的设计完全与此办公大楼的设计融为一体，建筑结构产生了一个全新的周边环境。朴素自然的环境与人工修饰、加工的设计形成了强烈的反差。

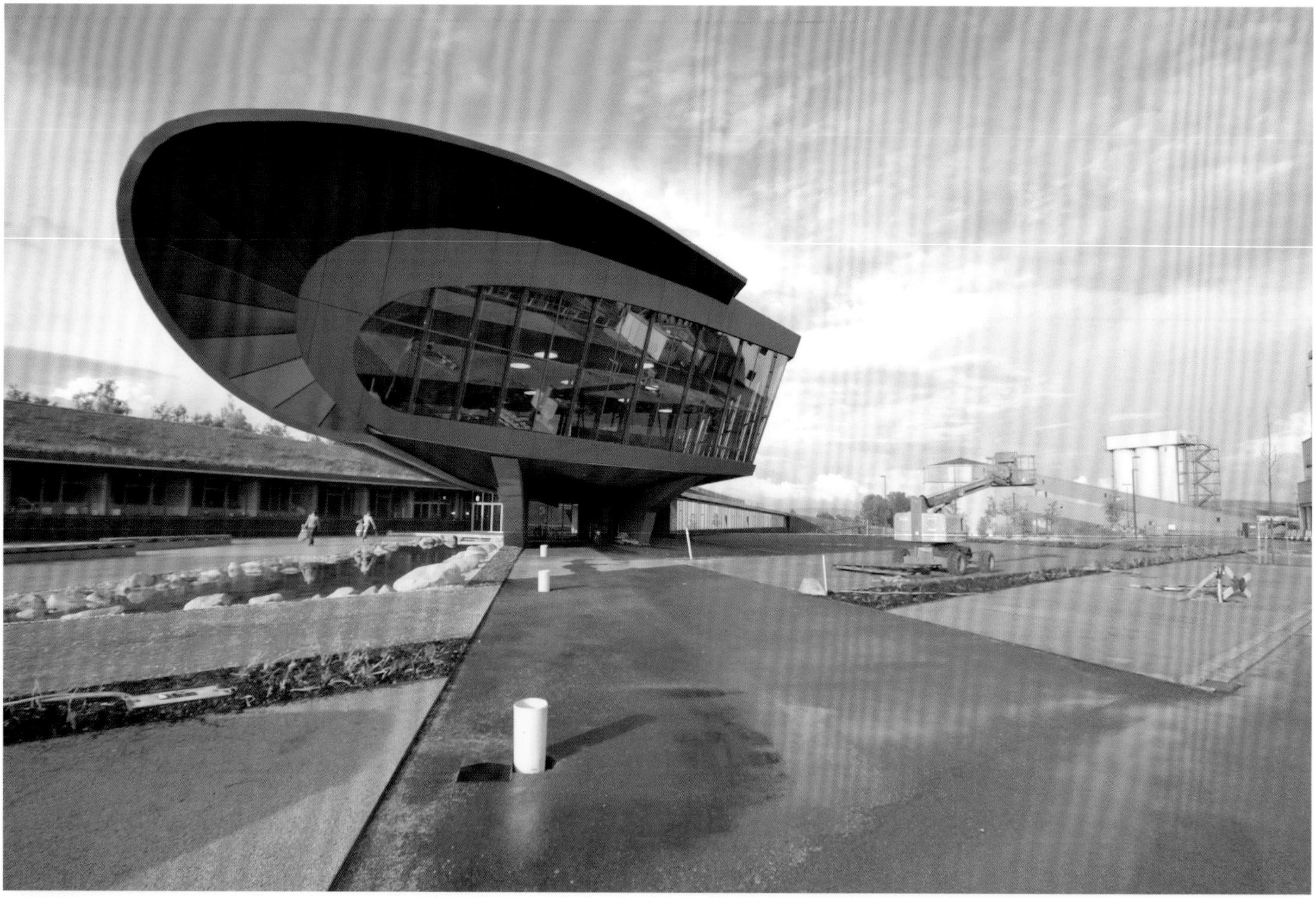

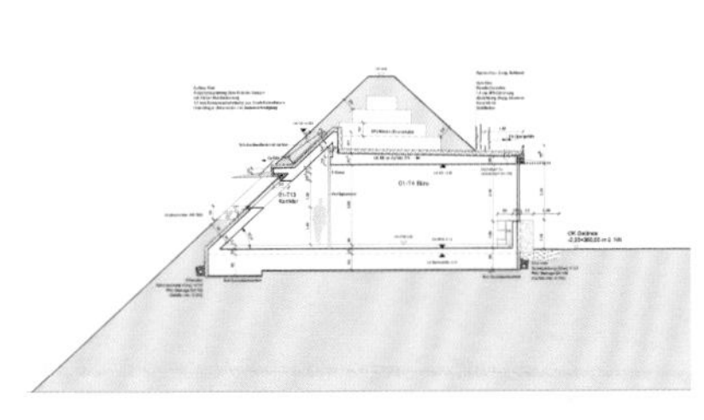

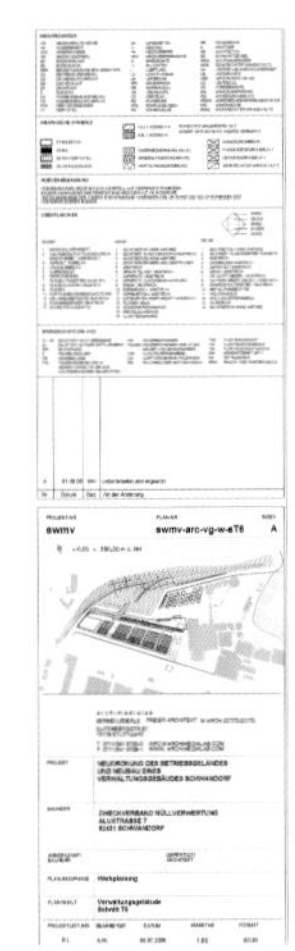

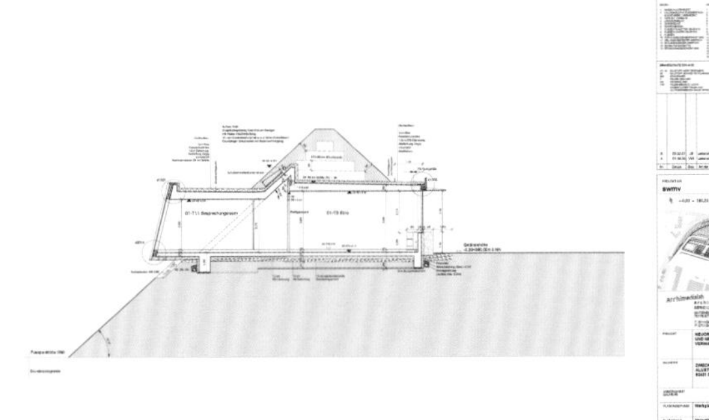

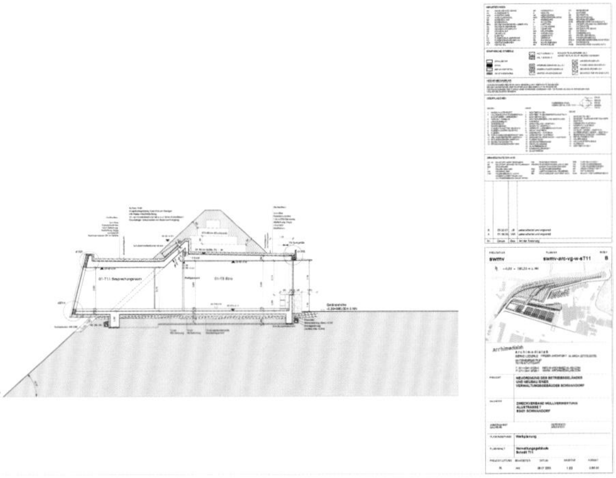

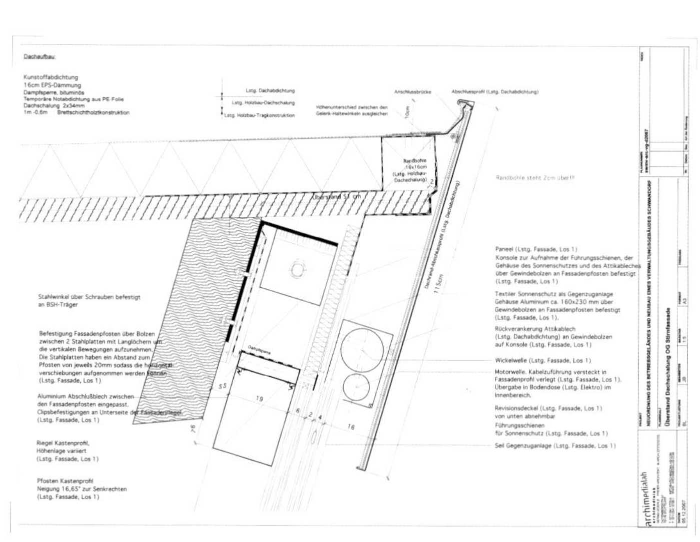
Dachaufbau:
Kunstoffabdichtung
16cm EPS-Dämmung
Dampfsperre, bituminös
Temporäre Notabdichtung aus PE-Folie
Dachschalung 2x34mm
1m -0,6m Brettschichtholztkonstruktion
Lstg. Dachabdichtung
Lstg. Holzbau-Dachschalung
Lstg. Holzbau-Tragkonstruktion
Höhenunterschied zwischen den Gelenk-Haltewinkeln ausgleichen
Anschlussbrücke
Abschlussprofil (Lstg. Dachabdichtung)
Randbohle 16x16cm (Lstg. Holzbau-Dachschalung)
Randbohle steht 2cm über!!!
Überstand 51 cm
Dachrand-Abschlussprofil (Lstg. Dachabdichtung)
115cm
Paneel (Lstg. Fassade, Los 1)
Konsole zur Aufnahme der Führungsschienen, der Gehäuse des Sonnenschutzes und des Attikablechés über Gewindebolzen an Fassadenpfosten befestigt (Lstg. Fassade, Los 1)
Textiler Sonnenschutz als Gegenzuganlage Gehäuse Aluminium ca. 160x230 mm über Gewindebolzen an Fassadenpfosten befestigt (Lstg. Fassade, Los 1).
Rückverankerung Attikablech (Lstg. Dachabdichtung) an Gewindebolzen auf Konsole (Lstg. Fassade, Los 1)
Wickelwelle (Lstg. Fassade, Los 1)
Motorwelle. Kabelzuführung versteckt in Fassadenprofil verlegt (Lstg. Fassade, Los 1). Übergabe in Bodendose (Lstg. Elektro) im Innenbereich.
Revisionsdeckel (Lstg. Fassade, Los 1) von unten abnehmbar
Führungsschienen für Sonnenschutz (Lstg. Fassade, Los 1)
Seil Gegenzuganlage (Lstg. Fassade, Los 1)
Stahlwinkel über Schrauben befestigt an BSH-Träger
Befestigung Fassadenpfosten über Bolzen zwischen 2 Stahlplatten mit Langlöchern um die vertikalen Bewegungen aufzunehmen. Die Stahlplatten haben ein Abstand zum Pfosten von jeweils 20mm sodass die horizontal verschiebungen aufgenommen werden können (Lstg. Fassade, Los 1)
Dampfsperre
Aluminium Abschlußblech zwischen den Fassadenpfosten eingepasst. Clipsbefestigungen an Unterseite der Fassadenriegel. (Lstg. Fassade, Los 1)
Riegel Kastenprofil, Höhenlage variiert (Lstg. Fassade, Los 1)
Pfosten Kastenprofil Neigung 16,65° zur Senkrechten (Lstg. Fassade, Los 1)
55
19
6
2
4
16
76
NEUORDNUNG DES BETRIEBSGELÄNDES UND NEUBAU EINES VERWALTUNGSGEBÄUDES SCHWANDORF
Überstand Dachschalung OG Stirnfassade
archimedialab
05.12.2007

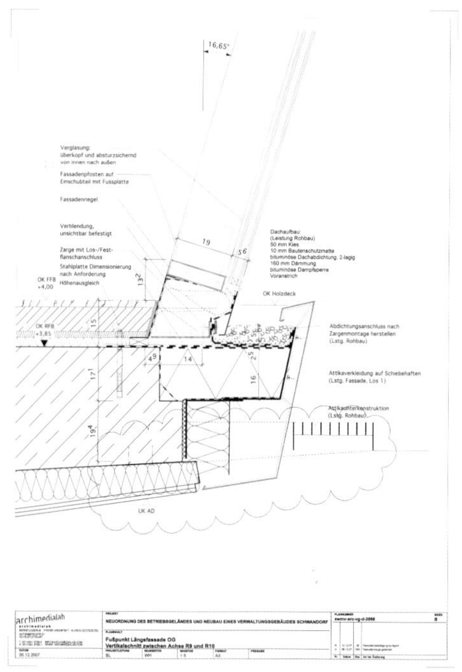
16,65°
Verglasung: überkopf und absturzsichernd von innen nach außen
Fassadenpfosten auf Einschubteil mit Fussplatte
Fassadenriegel
Verblendung, unsichtbar befestigt
Zarge mit Los-/Fest-flanschanschluss
Stahlplatte Dimensionierung nach Anforderung
Höhenausgleich
OK FFB +4,00
OK RFB +3,85
Dachaufbau:
(Leistung Rohbau)
50 mm Kies
10 mm Bautenschutzmatte
bituminöse Dachabdichtung, 2-lagig
160 mm Dämmung
bituminöse Dampfsperre
Voranstrich
OK Holzdeck
Abdichtungsanschluss nach Zargenmontage herstellen (Lstg. Rohbau)
Attikaverkleidung auf Schiebehaften (Lstg. Fassade, Los 1)
Attikaunterkonstruktion (Lstg. Rohbau)
UK AD
19
56
132
15
49
14
25
16
171
194
archimedialab
NEUORDNUNG DES BETRIEBSGELÄNDES UND NEUBAU EINES VERWALTUNGSGEBÄUDES SCHWANDORF
Fußpunkt Längsfassade OG
Vertikalschnitt zwischen Achse R9 und R10
05.12.2007
BL
WH
1:5
A3
swmv-arc-vg-d-2068
B

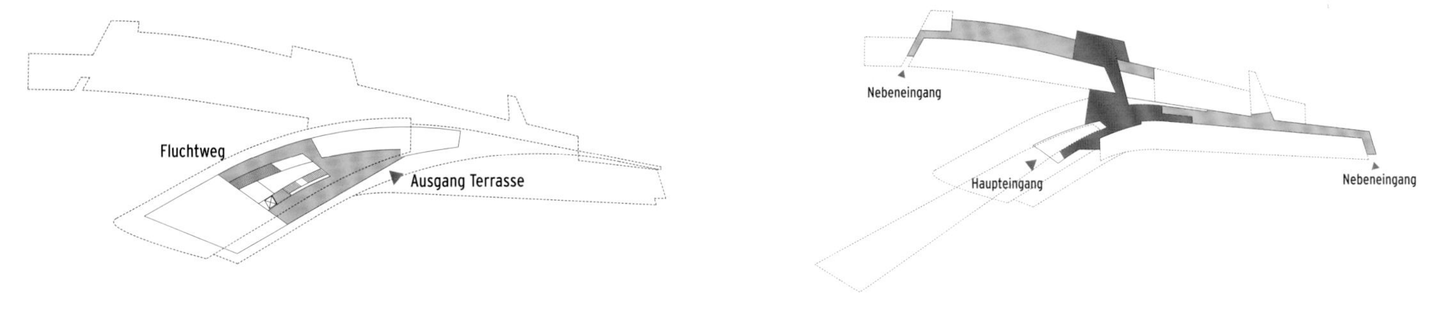

Fluchtweg
Ausgang Terrasse

Nebeneingang
Haupteingang
Nebeneingang

Archiv
Bürofläche
Technik
Bürofläche

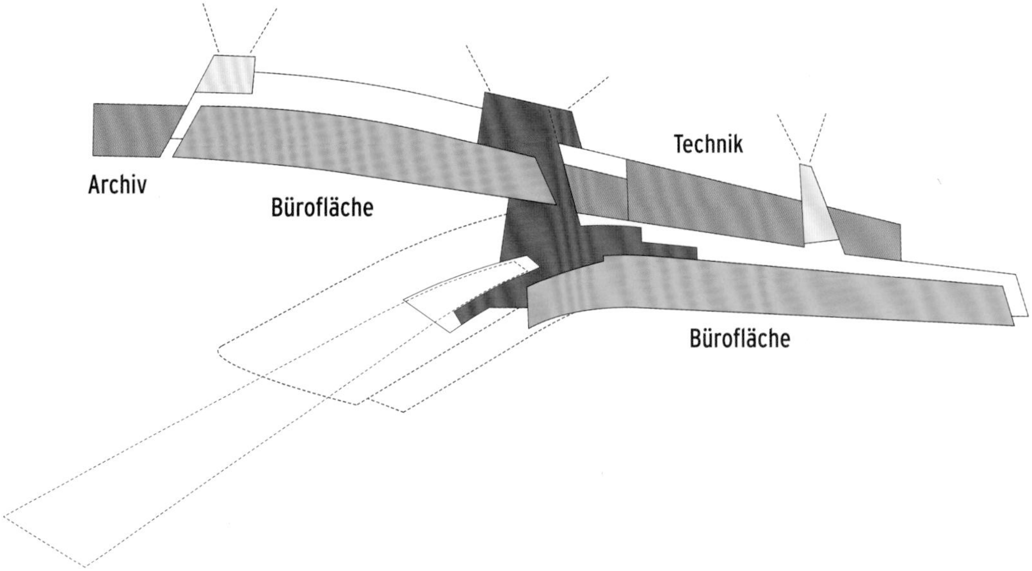

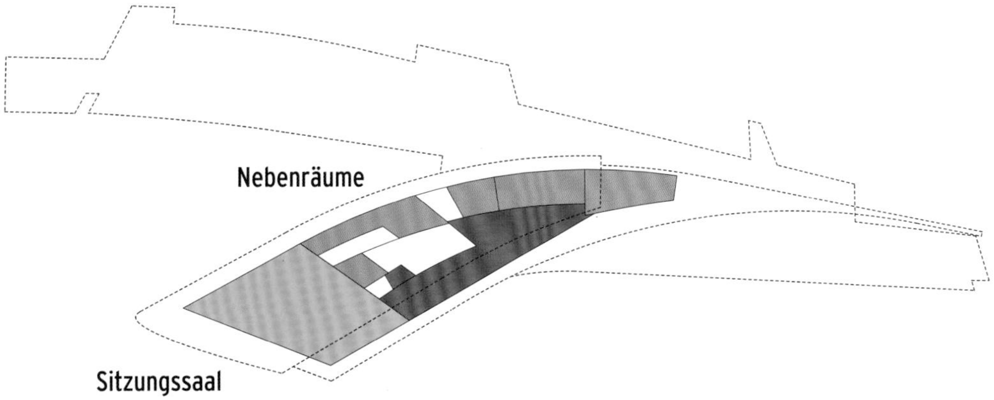

Nebenräume
Sitzungssaal

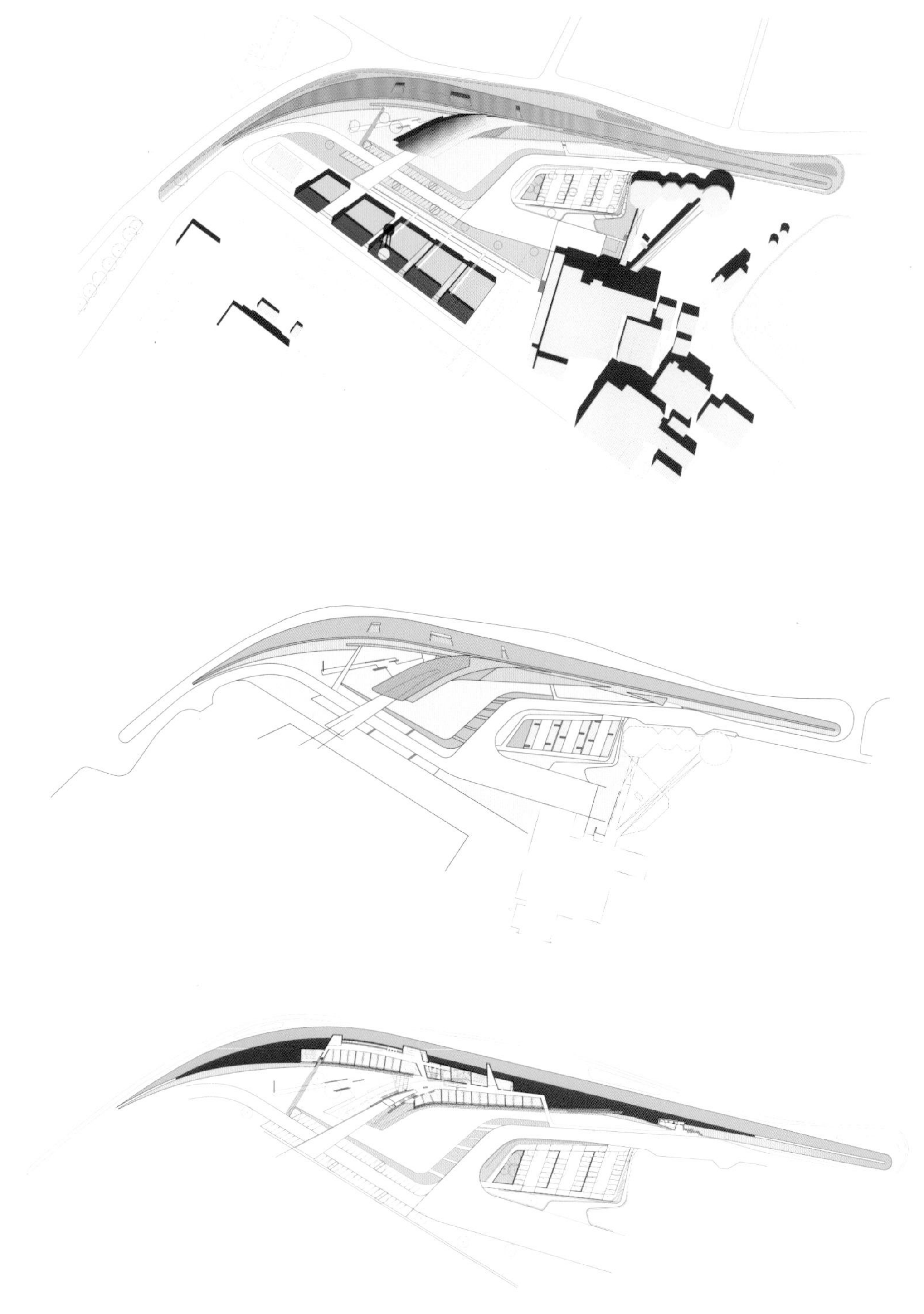

Umkantung, Einfassung des Attikablechs (LB Fassade, Los 2)
545
Gefälle 2,4%
Alublech über Schiebehaften befestigt (LB Fassade, Los 1)
Unterkonstruktion als Winkelkonsolen (LB Fassade, Los 1)
Dämmung d 100mm (Lstg. Rohbau)
Dachablauf für Umkehrdach (Lstg. Rohbau)
Dachaufbau:
5 cm Kies
Rieselschutzvlies
14cm EPS Dämmung
Abdichtung PYE-PV 200 DD und Bauder Plant E o. glw.
Voranstrich
Stahlbetondecke OK im Gefälle
2% Gefälle
2% Gefälle
Notüberlauf durch die Attika
318
50
140
200
10
100
40
140
Rost
Aluverbundplatten 4mm (LB Fassade, Los 2)
50
Ablauf mit seitlichem Abgang
159
300
371
Wandaufbau:
Aluverbundplatten 4 mm,
Einhängebefestigung über Konsolen
45mm Luftschicht
Wärmedämmung (LB Fassade, Los 2)
STB-Wand
DN 80
DN 80
6
54
80
50
240
Dachdichtung
Attika Nord - Blechfassade
archimedialab
03.11.2006

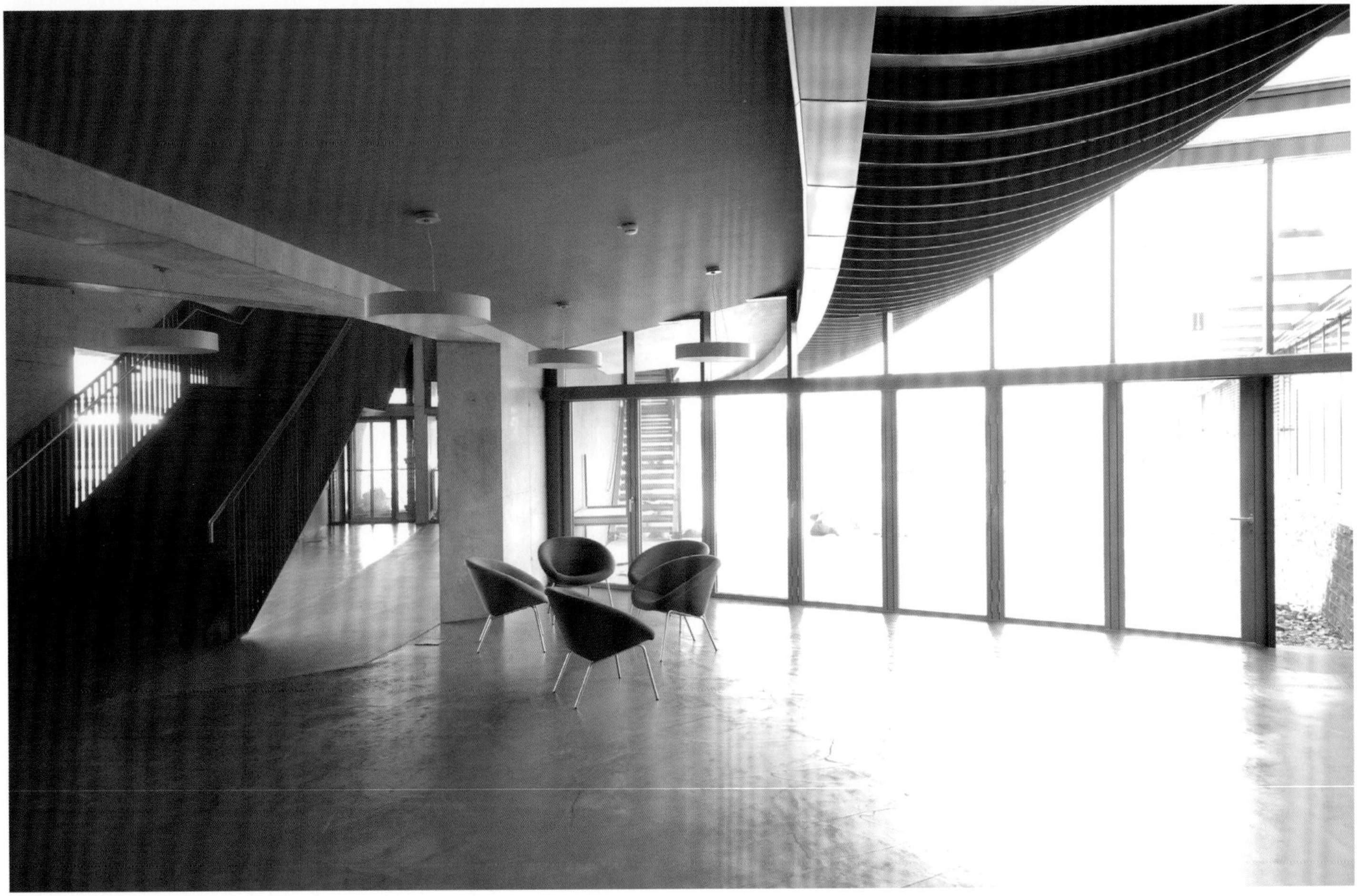

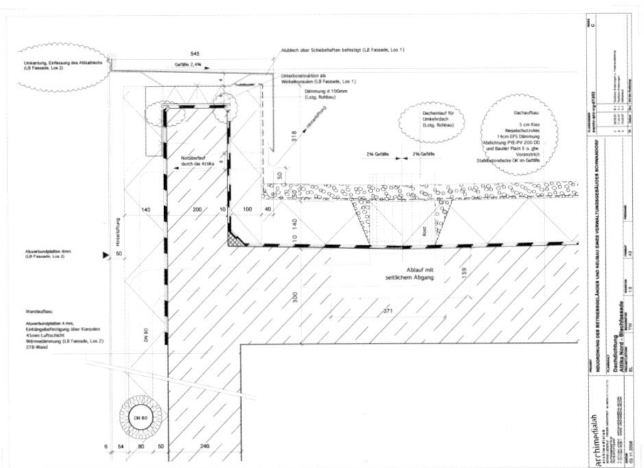

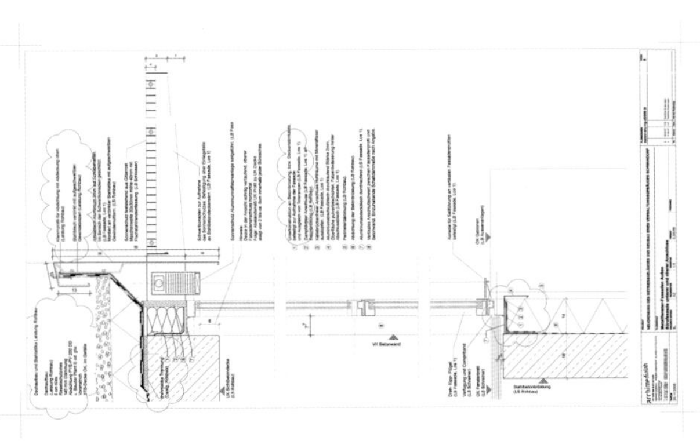

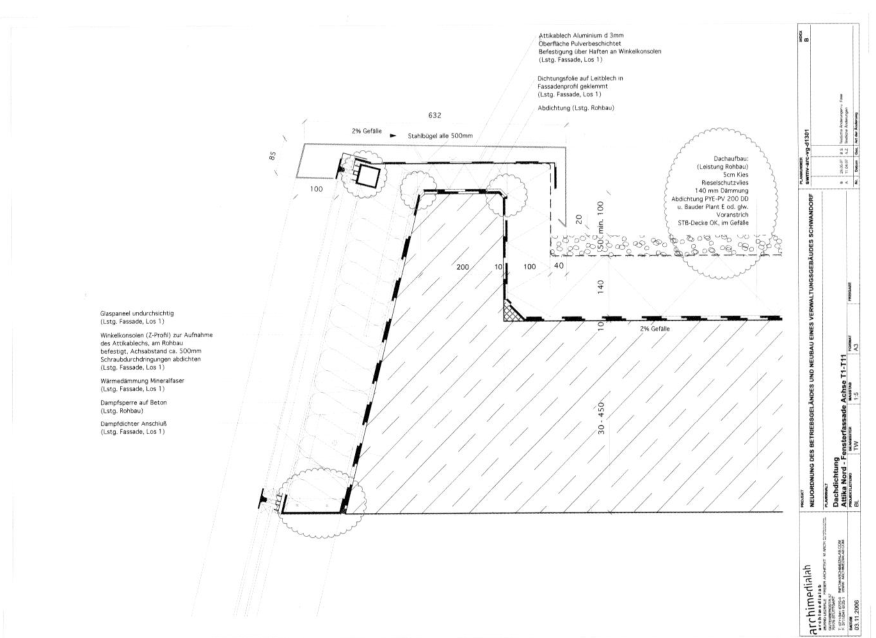
Attikablech Aluminium d 3mm
Oberfläche Pulverbeschichtet
Befestigung über Haften an Winkelkonsolen
(Lstg. Fassade, Los 1)
Dichtungsfolie auf Leitblech in
Fassadenprofil geklemmt
(Lstg. Fassade, Los 1)
Abdichtung (Lstg. Rohbau)
632
2% Gefälle
Stahlbügel alle 500mm
85
100
Dachaufbau:
(Leistung Rohbau)
5cm Kies
Rieselschutzvlies
140 mm Dämmung
Abdichtung PYE-PV 200 DD
u. Bauder Plant E od. glw.
Voranstrich
STB-Decke OK, im Gefälle
20
min. 100
50
200
10
100
40
140
10
2% Gefälle
30 - 450
Glaspaneel undurchsichtig
(Lstg. Fassade, Los 1)
Winkelkonsolen (Z-Profil) zur Aufnahme
des Attikablechs, am Rohbau
befestigt, Achsabstand ca. 500mm
Schraubdurchdringungen abdichten
(Lstg. Fassade, Los 1)
Wärmedämmung Mineralfaser
(Lstg. Fassade, Los 1)
Dampfsperre auf Beton
(Lstg. Rohbau)
Dampfdichter Anschluß
(Lstg. Fassade, Los 1)
archimedialab
03.11.2006
NEUORDNUNG DES BETRIEBSGELÄNDES UND NEUBAU EINES VERWALTUNGSGEBÄUDES SCHWANDORF
Dachdichtung
Attika Nord - Fensterfassade Achse T1-T11
BL
TW
1:5
A3
swmv-arc-vg-d1301
B

设计公司 : nendo

设计师 : nendo

meguro 办公室

nendo 是一家建筑设计公司，办公室位于东京目黑河附近一栋古老办公楼的 5 楼。nendo 想要一个功能齐全的办公空间，包括会议室、管理室、工作区以及独立的储藏区，但同时还要保持各个区域之间的联系。为了达到这个目的，nendo 将整个空间用墙体分割开来，这些墙壁，像起伏的垂到了地上的布一样，这些布将各个小空间围起来，既有别于一般的办公空间的隔断，又不是真正意义上的墙面。员工可以往返步行于部分墙壁“凹陷”处。同时悬挂塑料窗帘，使人们工作时可以无需担心噪声影响，又不会感到孤立。当员工站起来环顾四周的时候，同事、架子、植物在这个独特的墙布之中若隐若现。

设计公司 : MoHen Design International

设计师 : Hank M. Chao / MoHen Design International

摄影师 : MoHen Design International/Maoder Chou

这个办公室坐落于上海市中心静安寺的位置，属于那种老厂房改造为办公室的那种新的创意园区。客户专业从事 LED 的营销，这个难倒了设计师，因为全部用 LED 灯来做整体照明计划的经验是没有的，具体用多少灯的数量设计师是一点概念都没有。单从建筑平面和剖面的格局来看，一个长方形挑高近 6 米的量体，需要一个有点意思的方式来切入才不会愧对这个空间。想来想去，设计师最后决定用一种最傻瓜的方式来解决，把这矩形当作长方形的蛋糕来切。方法虽然笨而且老套了一点，但可以把空间切割的有效率。第一刀横向切割，把第一个门厅切块分割出来，直接挑高到底。再往里一点的空间，纵向切割两刀自然形成了三块纵向矩形空间。中间的留下来挑高作为垂直空间的移动动线和视觉上的整合过渡空间。两侧再各给一刀横向切割形成一层跟二层独立的会议室和办公室。最后一刀留给后场的办公室，秘书及其他接待办公室，还有资料储藏等其他空间。空间自然形成而且很干脆利索。Mies Van De Rode 说：“Less is More”，设计师并不赞同，他认为作为一个以灯具销售的办公空间而言，“Less, is definitely good”。

大空间划分完了，其他只剩下细节上的润饰空间才不至于太过乏味。在几个关键的空间，设计师决定加上直接拉拔两层楼高的大门框把空间更加明确出来；另外，由于中间留了一个很大的开口破坏了二楼横向沟通的动线交流，又补上了桥梁来作为缩短空间流动的缺口。为了把空间的层次做的更有趣，Layering 这个累积空间层次感的手法在这里可以被妥善地运用，一个跟一个空间的叠加，再把垂直向量用线条加以分割让光线和视线能够穿透，可以让狭长的走道显得更为有趣而不至于过分单调乏味。材料上利用镜子的反射让端景可以更加梦幻一些；玻璃薄膜这个材质则可以用来掩饰部分应该被遮挡的部位但是又允许视线上的再链接。也就是除了空间运用的手段以外，适当的材料可以加大夸张当初在概念上想要达到的目的。

e
luminaire

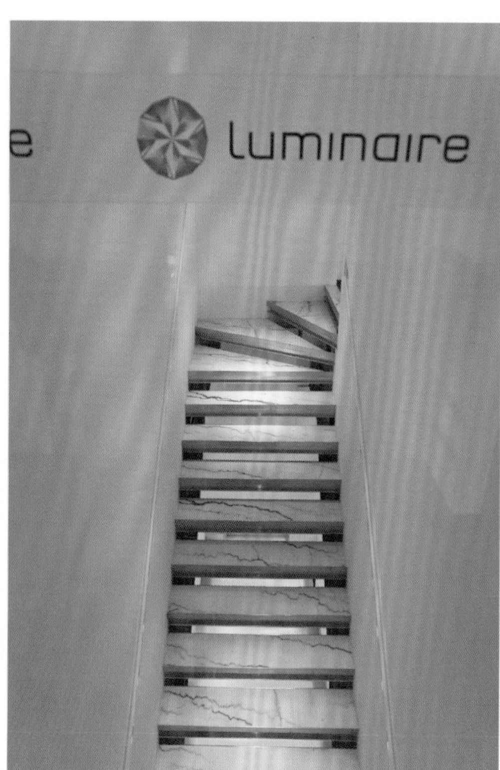
e
luminaire

e
luminaire

e
luminaire

金融机构办公室

为这个狭小的办公空间进行设计对设计师来说是一个挑战。根据办公室的业务需求，室内空间分为三个部分：客户等待区及门厅、柜台后的出纳办公区和私人空间。

设计师规划了空间区域的分布，室内设计与企业标识的鲜艳色彩以及空间分布紧密结合，创造了一间极具辨识度的办公环境。设计师充分利用包含在企业 logo 中的红白两色，使得整个办公室显得干净清爽。

在各个区域的连接处，设计师使用了透明的乳白色玻璃门，加上形式各异的照明灯和白色的天花板，更增强了室内的整洁度。

设计公司 : Hilit Interior design

设计师 : Hilit Interior design

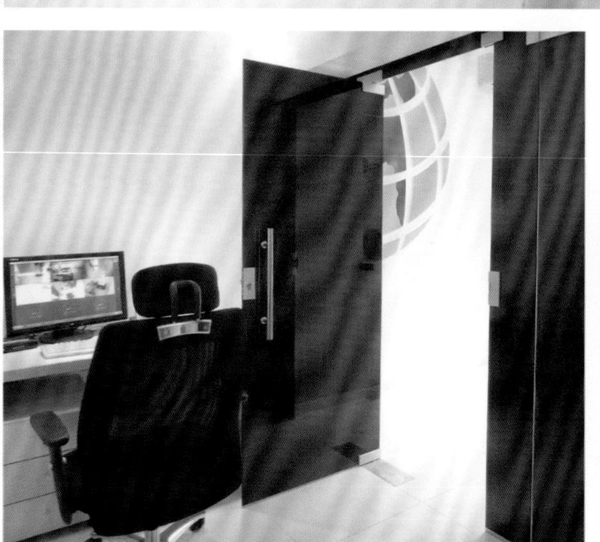

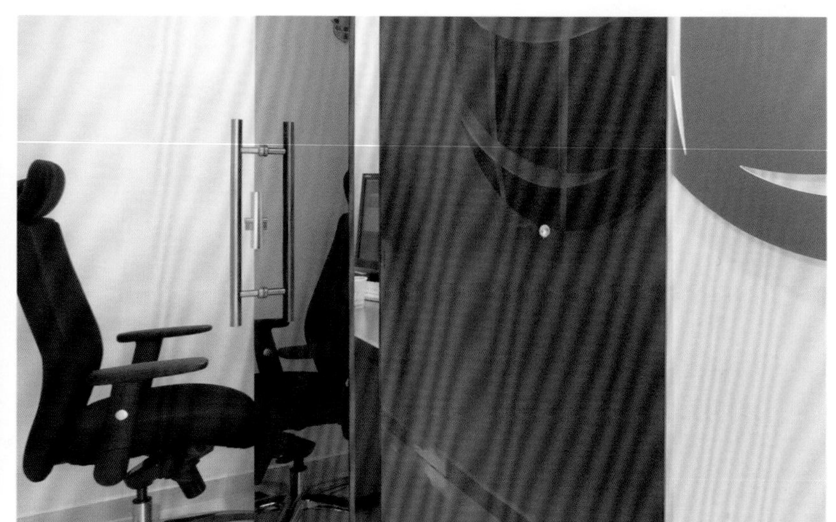

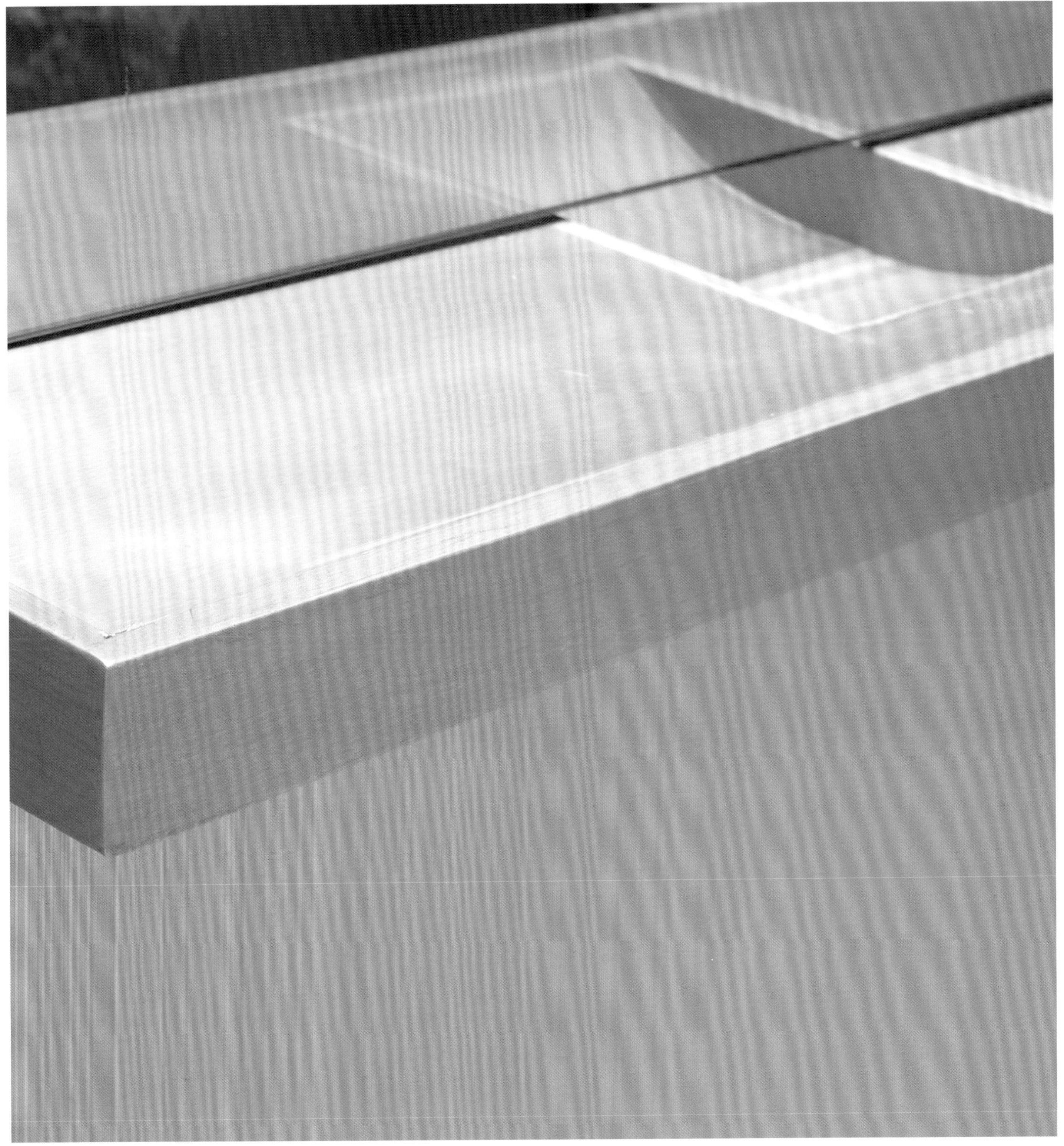

设计公司 : Kokaistudios

设计师 : Filippo Gabbiani, Andrea Destefanis, 李伟，季颂华

摄影师 : Charlie Xia

历峰集团品牌办公楼

上海市中心内典雅现代的建筑尝试凭借巧妙的改造手段实现与历史环境的融合。

2007 年，Kokaistudios 受历峰集团——总部位于法国的全球知名奢侈品集团之邀，负责上海原法租界中心地块内两栋历史别墅的改造工程。项目北部原来有一幢 20 世纪 90 年代遗留下来的“烂尾楼”；乍看之下，没人能够想像这一 2200 平方米的结构有再利用的潜力；但在对地基和主体结构的保存现状进行细致分析后，Kokaistudios 提出对现存建筑主体进行再利用的开发战略。于是 Kokaistudios 与历峰集团共同创意，通过改造凌乱的混凝土结构体系，进而将其打造成历峰集团全新的中国总部。

项目所处位置特殊且兼具挑战性，其周边围绕的均为具有高度历史保护价值的建筑，后部的围墙又具有明显的工业风格。Kokaistudios 通过综合巧妙有效且视觉上典雅的设计方案，对项目既有的资源进行整合改造和利用，进而打造成如今令人惊叹的建筑项目，深受时下公众和媒体的一致好评。

新建筑的设计灵感，源于有着强烈本体特征的历史遗迹。Kokaistudios 运用现代建筑语言，将原址中两大特色材料重新优雅组合，构成“沉默”和最小化的素材搭配风格，解决了整体一致性问题。建筑物的整个外立面，由上海典型的传统建材水泥灰浆砌成，并以创新而高雅的方式运用黄铜联接件和饰件。两幢建筑物矗立在重新规划的广场上，直接对话，深邃的和谐清晰可见，达到罕见的平衡。周边建筑物产生的风格一致性问题已通过增建水景花园得到解决，在其映衬下，新建筑显得轻盈通透，增添了景观的纵深感，同时最大限度地加强了自然光线的流动，给业主和访客带来愉悦感受。

楼宇北面原为一片破败的遗弃结构，Kokaistudios 决定清理现场并将其打造成一个宁静的空间——与底楼多功能服务区域相连的水景花园。在这一区域，原本显得不和谐的边界围墙此刻却有机会为设计理念提供支持。墙面砌以由 Kokaistudios 首席建筑师亲自挑选的特种大理石，并运用古老的意大利切割方法使石材表面纹理协调，整个竹林及前排栽种紫竹的效果也由此演绎得出神入化。这一位于上海最繁华区域中心地带、神秘而富有魔力的宁静绿洲，已成为历峰集团和艺术画廊承办各类极具声望文化活动的场地。Kokaistudios 特别重视建筑物入口的设计，专门采用了最小化和精炼的现代元素组合以便突出项目的现代感。铜饰面的天棚夸张地悬挂在高处，引导宾客步入大楼，并吸引其目光穿过大楼自然地投向后面的水景花园。

在内部，Kokaistudios 运用现代建筑语言将原址中采用的三大主流素材——水泥、黄铜和橡木重新精巧地组合，使光线与色彩完美搭配，将建筑内、外部融为和谐、连续而流动的一体。大楼的内部装饰、照明系统和各类标识都由 Kokaistudios 根据项目最初的总体设计战略量身定制，意图在保留建筑外部本体特征的同时将其融入内部风格，设计元素在内部自然流动，使人强烈地感受到其与外部环境之间连续而和谐的统一风格。建筑的设计和建造遵循 Kokaistudios 为历峰集团制定的新方针：运用智能设计方法，有效利用现有资源并使用“绿色”和可持续的材料，达到项目总体的可持续发展。

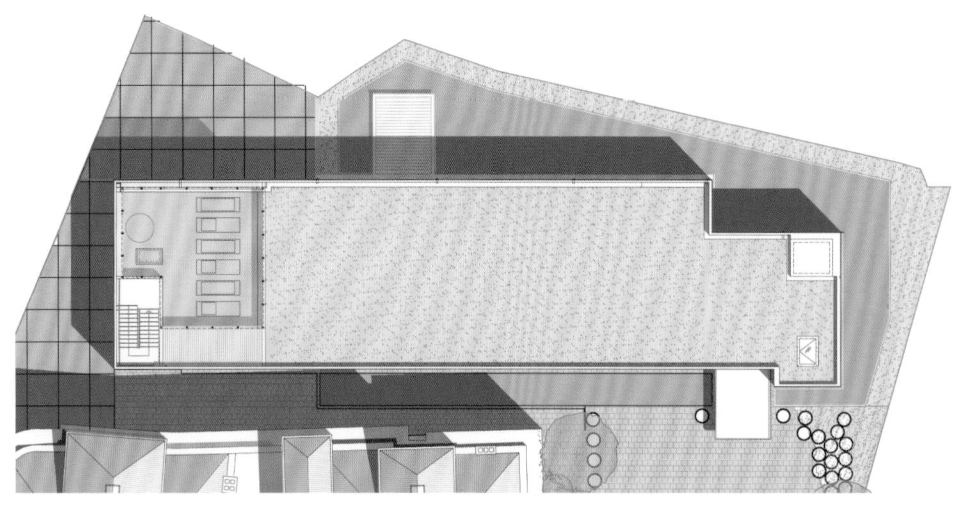

设计公司 : koseki architecs pffice

设计师 : Shunsuke koseki + Itsuki takamatsu

摄影师 : Toshihide kajiwara

岛田公司总部位于日本京都，其中包括一个巨大的研究中心。建筑外立面覆盖玻璃纤维钢筋混凝土板，这些面板从楼顶倾泻而下，在延伸长度达 80 米的建筑外立面延展开来。主体办公区位于三楼，还带有好多个花园。每间屋子和走廊上都有巨大的窗户面向花园，人们能清楚地观赏花园景象并且沐浴在充足的自然光源之下。

岛田公司总部办公楼

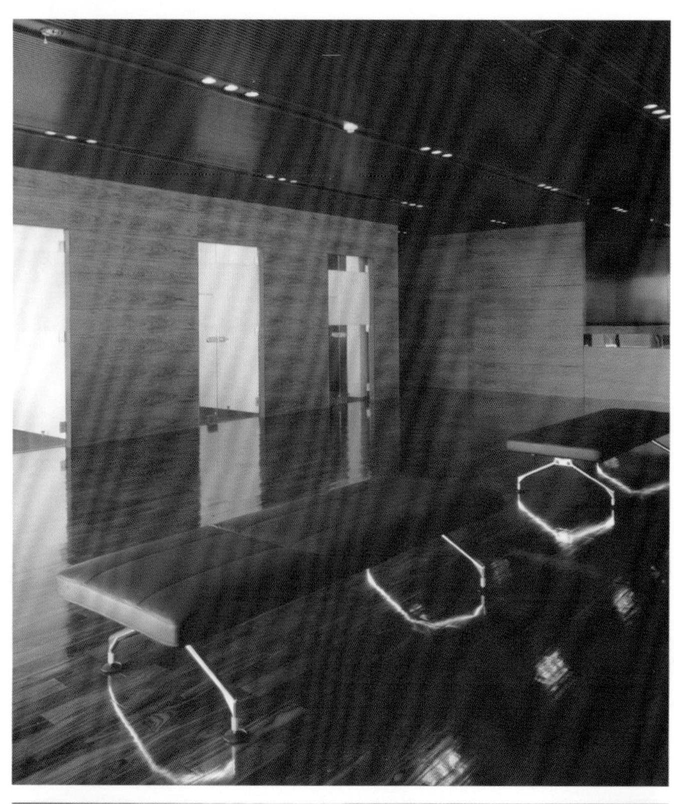

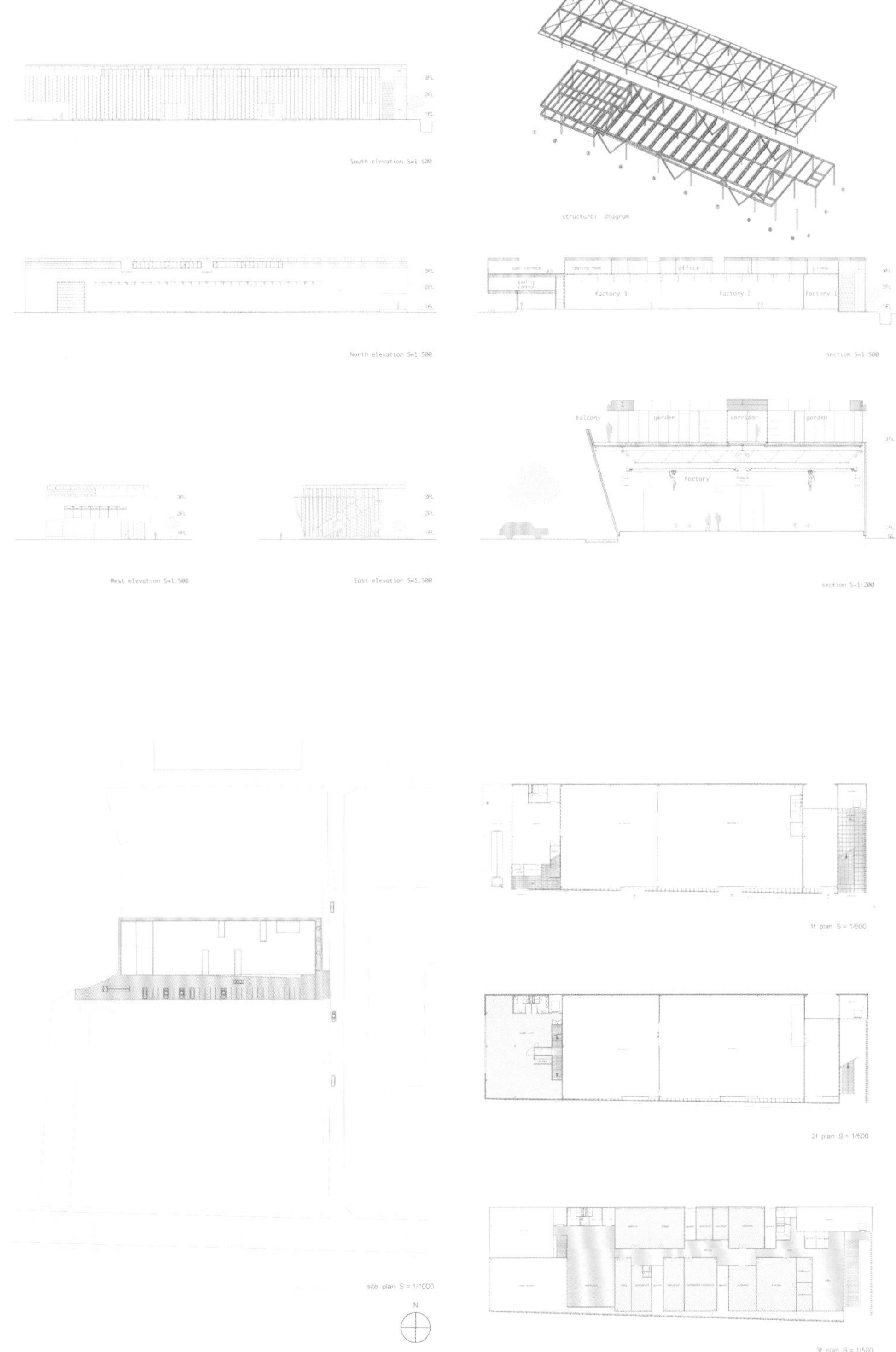

South elevation S=1:500
structural diagram
North elevation S=1:500
factory 3
factory 2
factory 1
office
section S=1:500
balcony
garden
corridor
garden
factory
West elevation S=1:500
East elevation S=1:500
section S=1:200
1f plan S = 1/500
2f plan S = 1/500
site plan S = 1/1000
N
3f plan S = 1/500

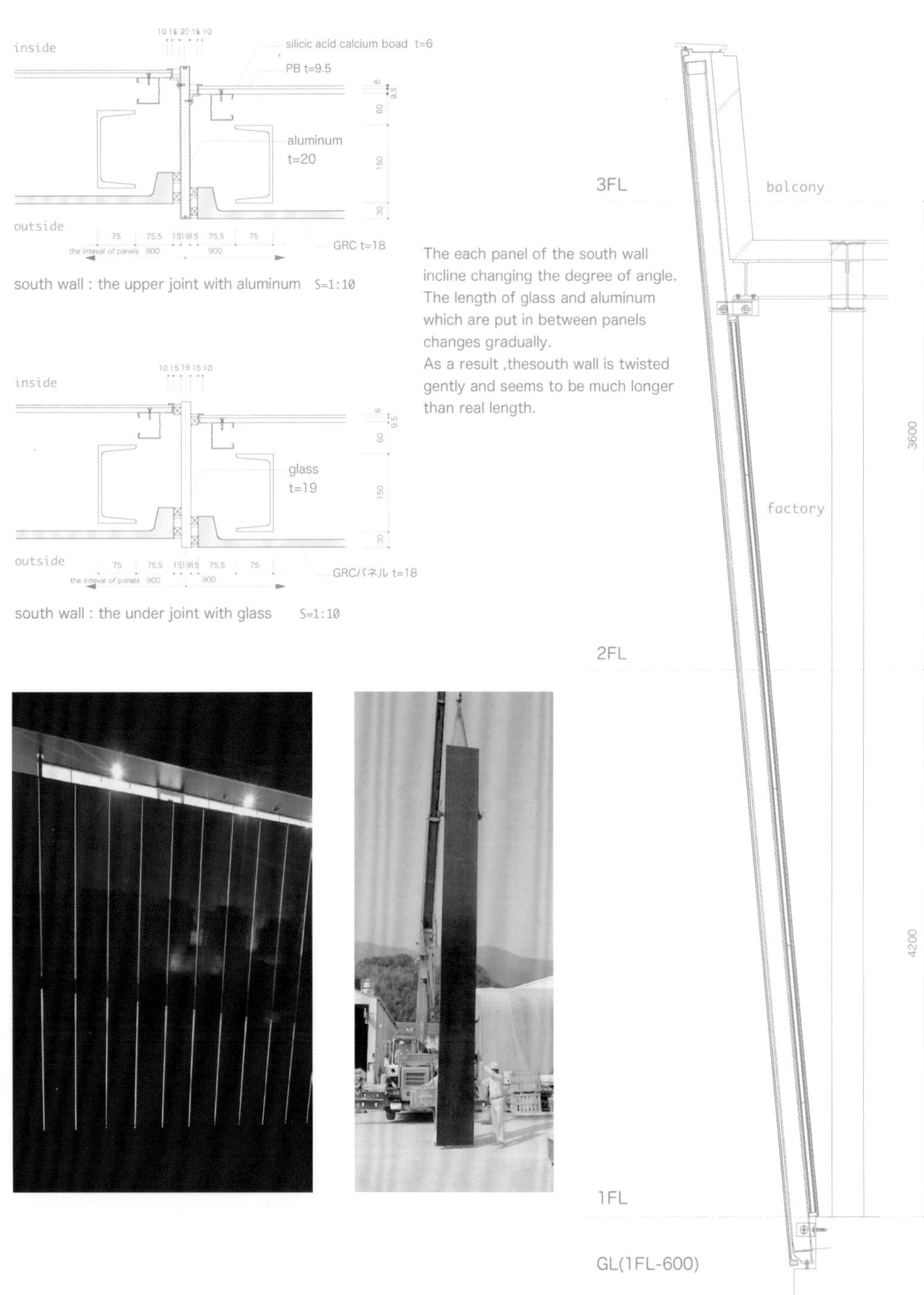

south wall : the upper joint with aluminum S=1:10

south wall : the under joint with glass S=1:10

The each panel of the south wall incline changing the degree of angle. The length of glass and aluminum which are put in between panels changes gradually.
As a result ,thesouth wall is twisted gently and seems to be much longer than real length.

the south wall section S=1:40

Tribal DDB 阿姆斯特丹公司

Tribal DDB 阿姆斯特丹公司是世界级广告公司 DDB 的一个分公司，DDB 是世界上最大的广告公司之一，客户群体为高端市场。i29 事务所为其设计这间有 80 人的分公司。

设计目的是为 Tribal DDB 的新办公室设计一个极富创造性和互动性的工作环境，同时提供尽可能多的工作区域，以利于长时间以及集中性的工作。在全新的空间设计中，特别设计了许多灵活的书桌和大块的空地，以便创意人员能够保持长时间的高效工作。作为 DDB 集团的一部分，Tribal DDB 的办公室需要有明确的标识，以符合母公司的统一形象。新的办公室需要凸显 DDB 既亲切活泼又专业严谨的特质，因此需要一些灵动的富有创意的设计元素。

新办公室坐落在办公楼内，因此，无法改变建筑原有的结构。如何运用原有的建筑元素，并将其与一系列创新的办公室空间元素和谐地统一是他们面对的挑战之一。最终，他们使用了一个可移动的天花板系统，并且设计了一个圆形的楼梯结构。此外，为适应开阔的空间，音响系统也很重要。

据 i29 的相关人士告知，原材料的选取对于整个项目至关重要。“我们选择了一种俏皮的、有强大吸声功能的材料，它可以保证开阔空间的同时又具有较好的私密性，同时还有效地遮盖了拆卸的痕迹。我们也许再也找不到这么好的材料用于地板、天花板、墙壁、家具乃至灯罩，它吸声、防火，又环保又耐用。当然，要用它来做这么多东西还真是不容易啊！”

设计公司 : i29 interior architects

设计师 : i29 interior architects

摄影师 : i29 interior architects

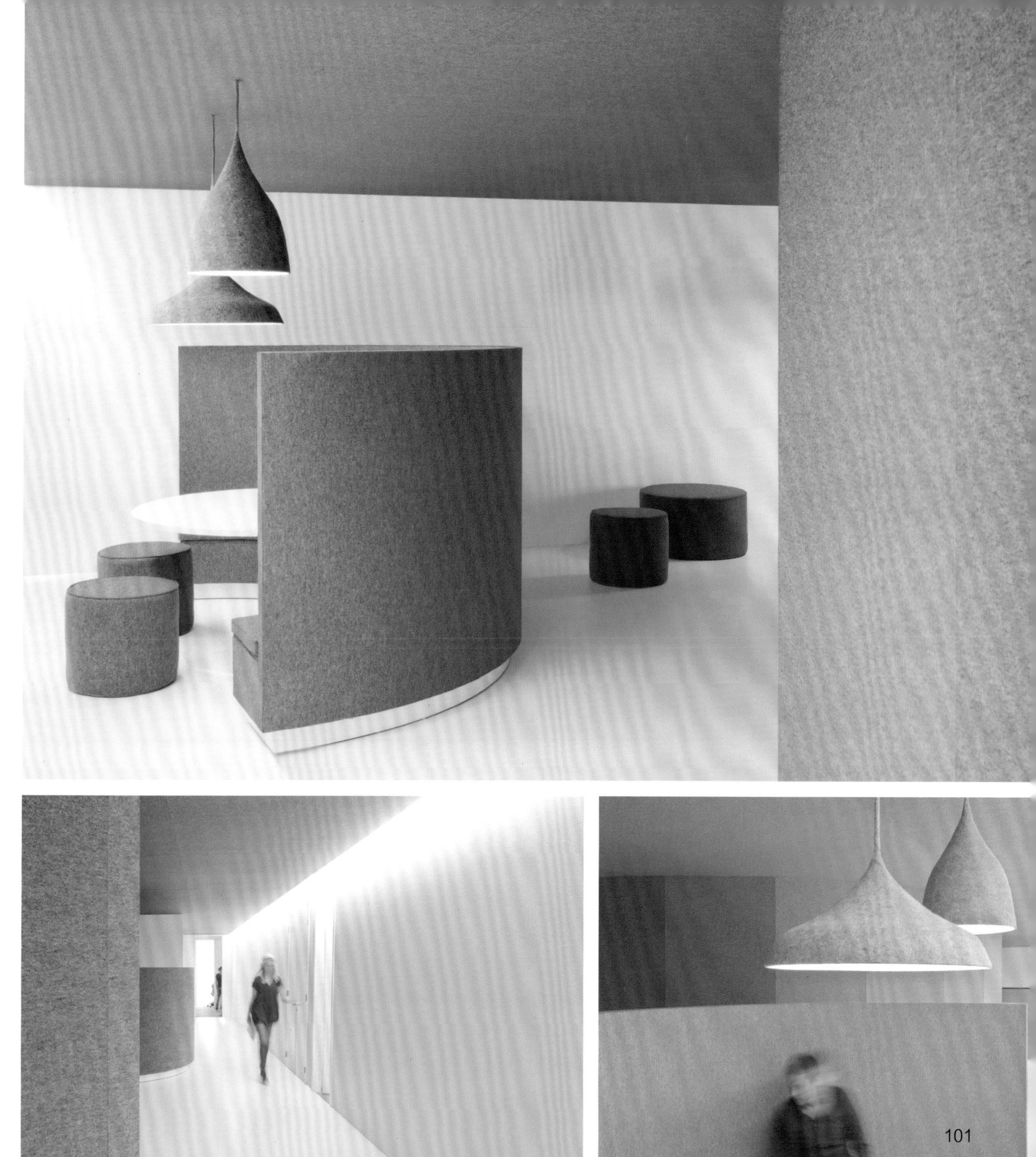

Van de Velde 公司

设计公司 : LABSCAPE

设计师 : Robert Ivanov, Tecla Tangorra

摄影师 : Robert Ivanov

LABSCAPE 为比利时内衣品牌“Van de Velde”设计了这个最新的陈列空间。此店在纽约麦迪逊大街和第三十三大道之间一个行人如织的十字路口，位于一栋老式建筑的一楼。

这个典型的开放式空间被分割为 4 个不同的区域：入口、容纳一人办公的封闭办公室（也可用作会议室）、两个工作台以及一个展示区。

本项目的创意点以及主题是网状设计，它的走势、结构以及几何形状等都使整个空间被延长。

入口实际上是一条通道，位于室内不同的区域中间。右侧是被玻璃隔板环绕着的隔间，可以作为工作区域，也可以作为私人会议室。

陈列室位于左侧，墙面上装有 21 个形状各异的格子，用来展示商品。

展示柜上白色和烟色的反差突出了商品的特质。

本项目打破了办公陈列室内设计的规则，创造了全新的室内环境。这个新颖现代的室内项目完全归功于意大利设计公司 LABSCAPE。

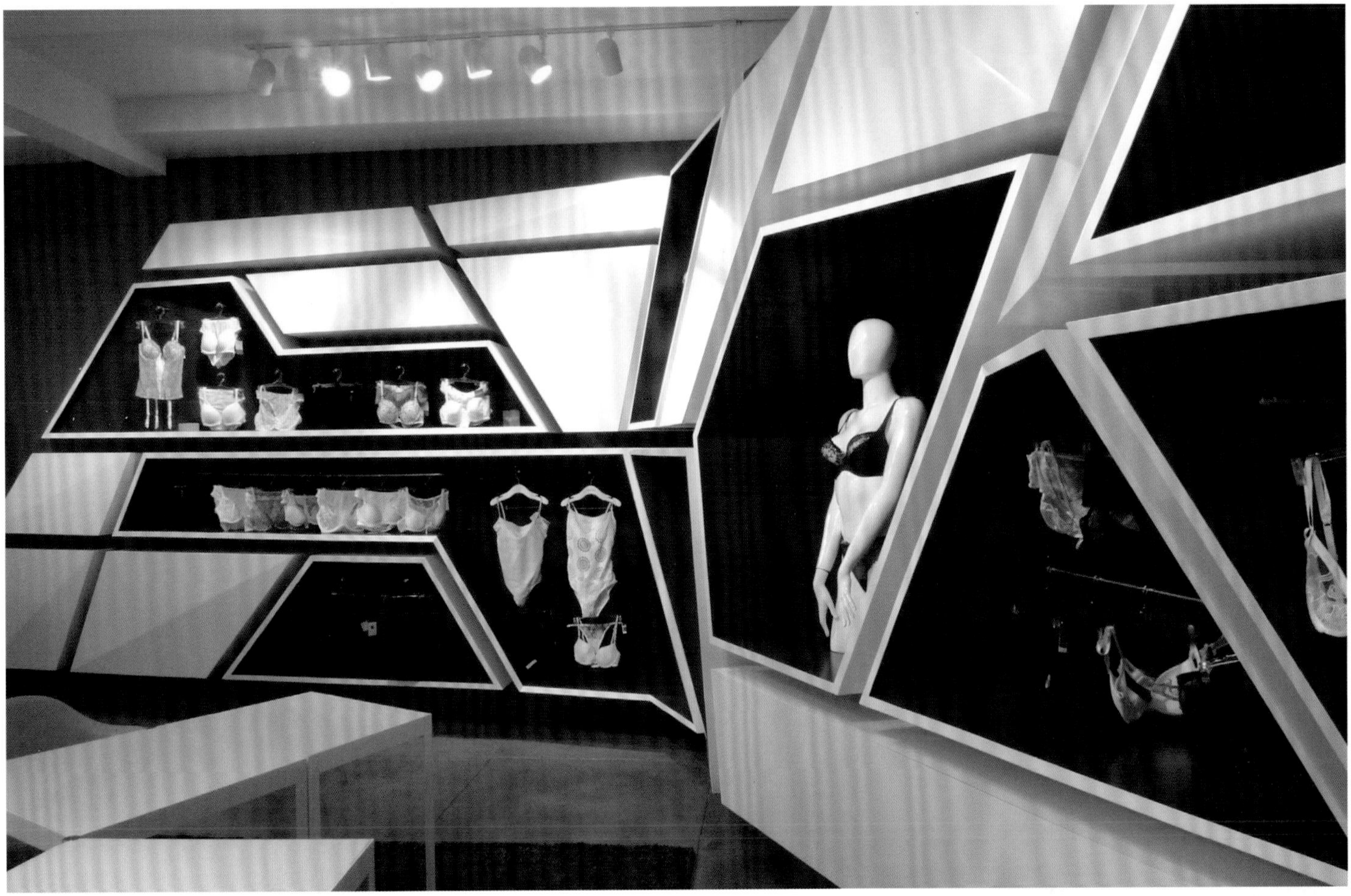

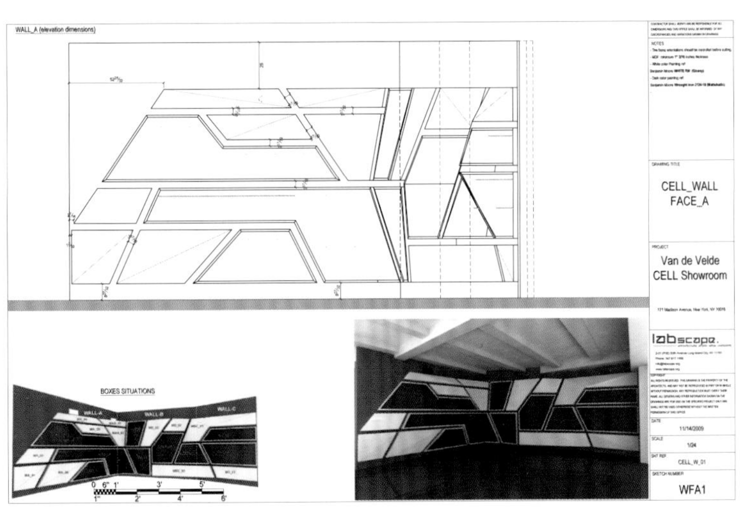

WALL_A (elevation dimensions)
NOTES
DRAWING TITLE
CELL_WALL
FACE_A
PROJECT
Van de Velde
CELL Showroom
171 Madison Avenue, New York, NY 10016
labscape.
BOXES SITUATIONS
WALL-A
WALL-B
WALL-C
DATE
11/14/2009
SCALE
1/24
SHT REF
CELL_W_01
SKETCH NUMBER
WFA1

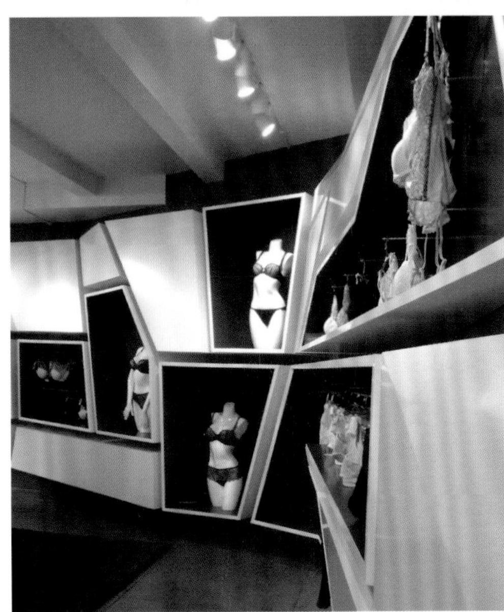

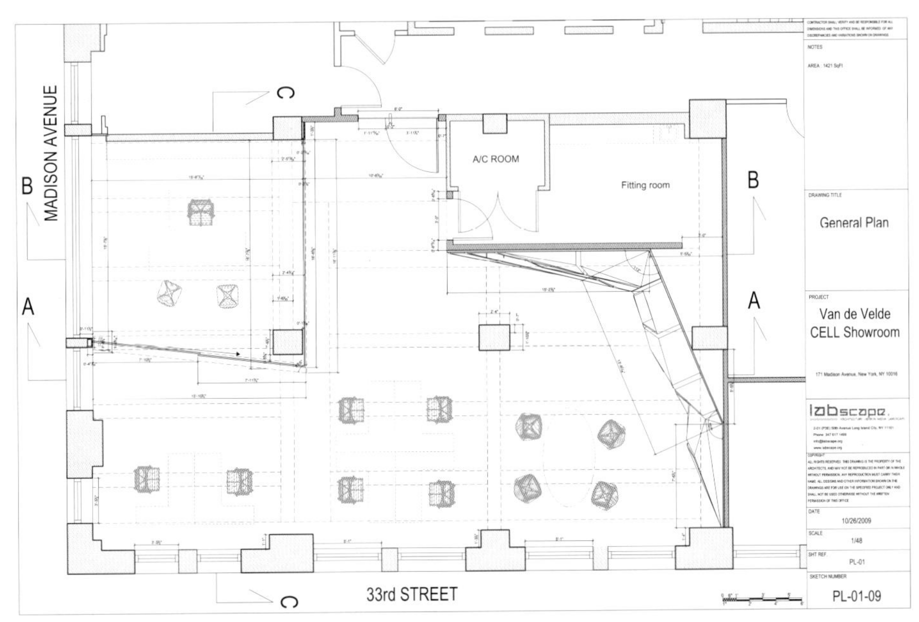
MADISON AVENUE
A/C ROOM
Fitting room
B
A
C
33rd STREET
General Plan
Van de Velde
CELL Showroom
labscape
10/26/2009
1/48
PL-01
PL-01-09

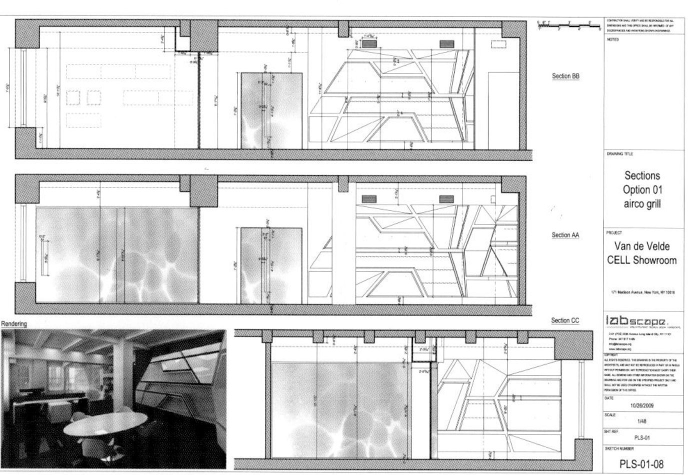
Section BB
Section AA
Section CC
Rendering
Sections
Option 01
airco grill
Van de Velde
CELL Showroom
labscape.
10/26/2009
1/48
PLS-01
PLS-01-08

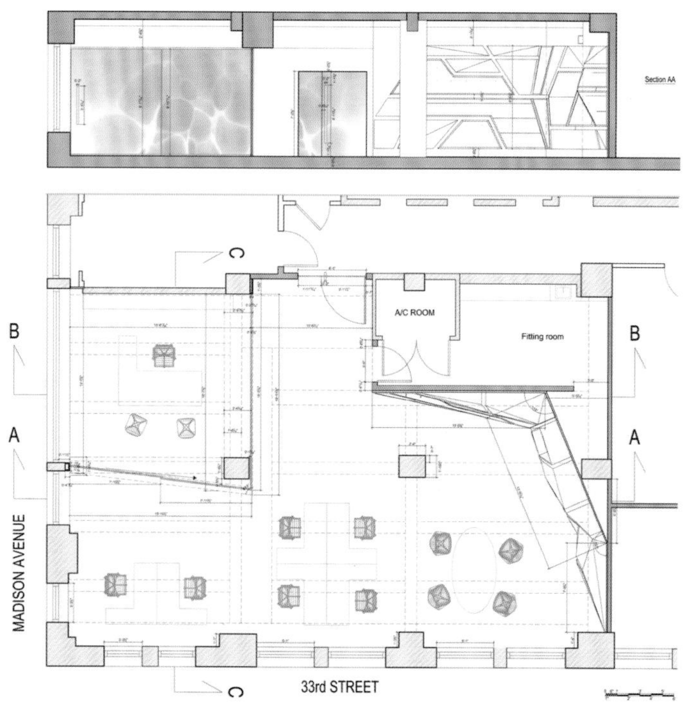
Section AA
A/C ROOM
Fitting room
B
B
A
A
C
C
MADISON AVENUE
33rd STREET

Kane Construction 公司总部

这个坚固砖结构的制革厂于 20 世纪 30 年代建成，主要为制革工人培训所用，并没有获得历史建筑遗产资格。然而，Kane Construction 公司却不这样认为，它是一家追求卓越创新的公司，希望自己的办公环境能够反映皮革厂的原始面貌以及公司的品位。

原始主楼共分两层，拥有坚固的铁皮结构并且包着木头，载重梁裸露，托梁和木梁交叉相撑，坚实的俄勒桁架。紧挨着这栋楼的是几栋临时建筑，质量次一点，外墙的砖头质量不太好。

设计的要点是把皮革培训教学楼改造成办公室、文件印刷室以及接待室，这些位于一楼和二楼，此外还要有一些会议室。设计师在此基础上建造了一座新的阁楼，其中两间办公室位于阁楼之中。楼内还需要有洗手间、厨房以及令人印象深刻的门厅。此外一些醒目的标志也非常重要，方便人们不用去看大街上隐蔽的导识也能轻松找到公司的位置。停放汽车自行车的空间以及残疾人通道也必不可少。

设计公司 : Tonkin Zulaikha Greer with Linley Hindmarsh

设计师 : Tonkin Zulaikha Greer with Linley Hindmarsh

摄影师 : Glenn Macari, Bruce Usher, Nick Bowers

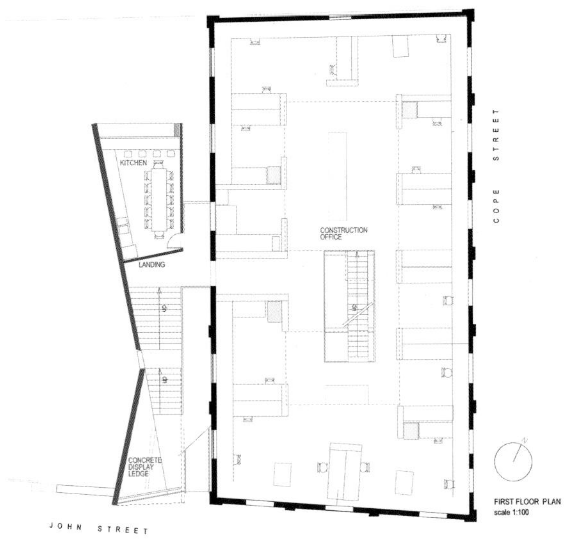
KITCHEN
LANDING
CONCRETE DISPLAY LEDGE
CONSTRUCTION OFFICE
COPE STREET
JOHN STREET
FIRST FLOOR PLAN
scale 1:100

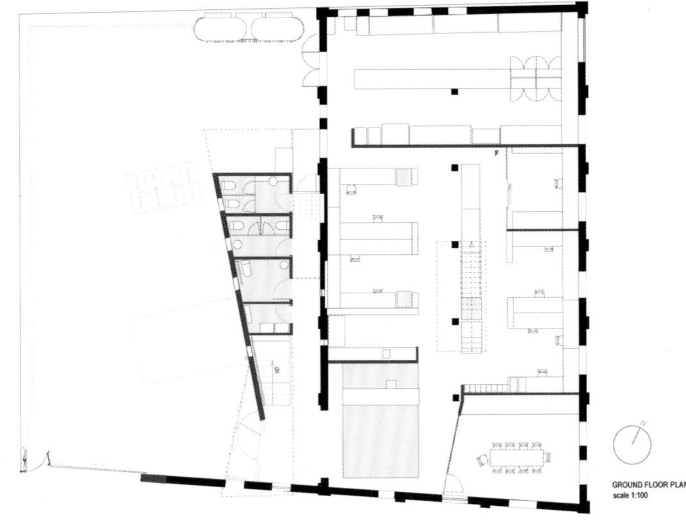
GROUND FLOOR PLAN
scale 1:100

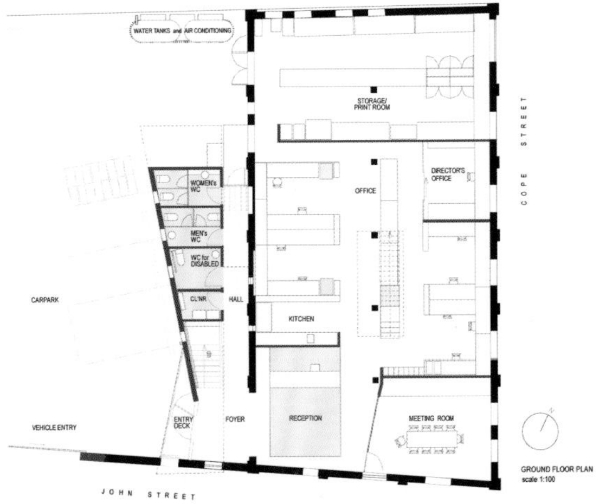
WATER TANKS and AIR CONDITIONING
STORAGE/
PRINT ROOM
WOMEN's
WC
MEN's
WC
WC for
DISABLED
CL'NR
OFFICE
DIRECTOR'S
OFFICE
CARPARK
HALL
KITCHEN
VEHICLE ENTRY
ENTRY
DECK
FOYER
RECEPTION
MEETING ROOM
COPE STREET
JOHN STREET
GROUND FLOOR PLAN
scale 1:100

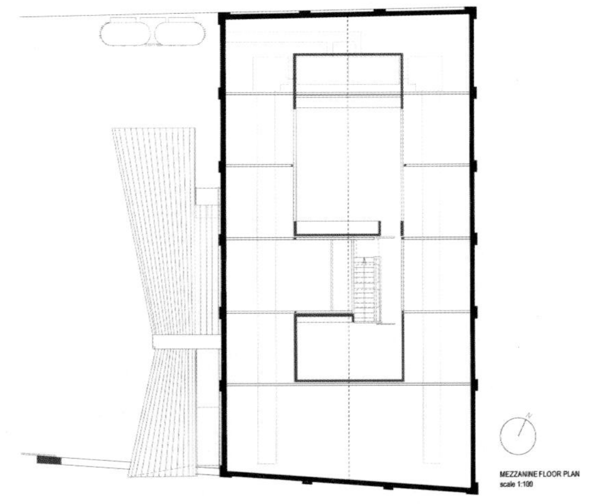
MEZZANINE FLOOR PLAN
scale 1:100

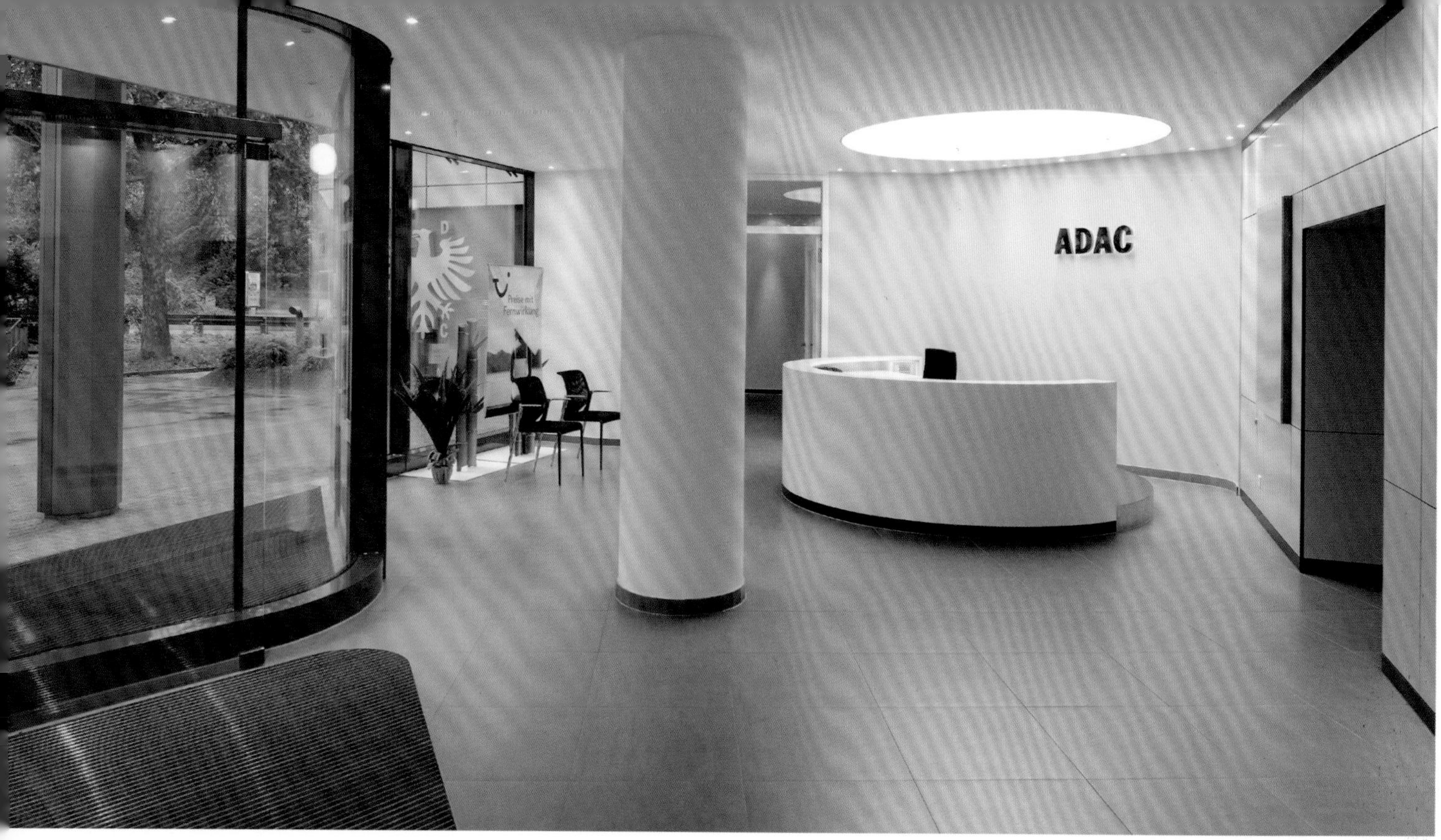

ADAC Neckartor 办公室

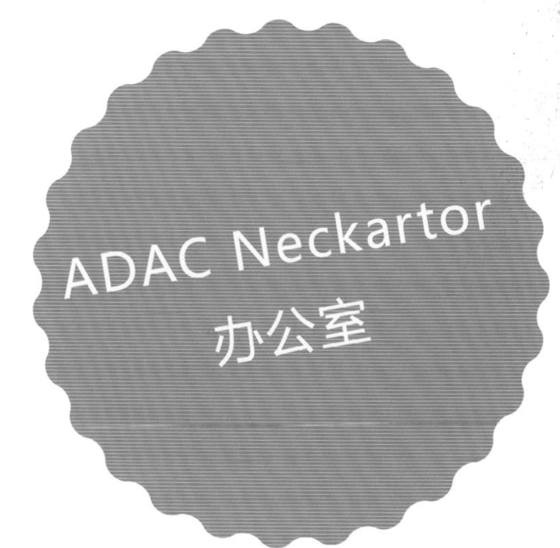

设计公司 : Ippolito Fleitz Group – Identity Architects

设计师 : Peter Ippolito, Gunter Fleitz, Mathias Mödinger, Christian Kirschenmann, Sherief Sabet

摄影师 : Zooey Braun

ADAC 是德国最大的汽车俱乐部，凝聚了德国汽车司机对本职行业的热爱之情，200 个分公司共有 1450 万名会员。同时也是欧洲最大，全球排名第三的汽车俱乐部。

ADAC 位于巴登——符腾堡州的分部希望重新设计办公环境，使之更具现代化，简洁大气。这个办公系统需要配以清晰的功能区域，同时完善各个区域的配套设施。办公环境还要满足与 ADAC 的企业价值相符合的高规格的辨识度。

通过利用精致的建筑材料，设计师将这些要求一一实现，巧妙地运用颜色深浅不一的设计元素，将整个室内的各个区域达到统一。

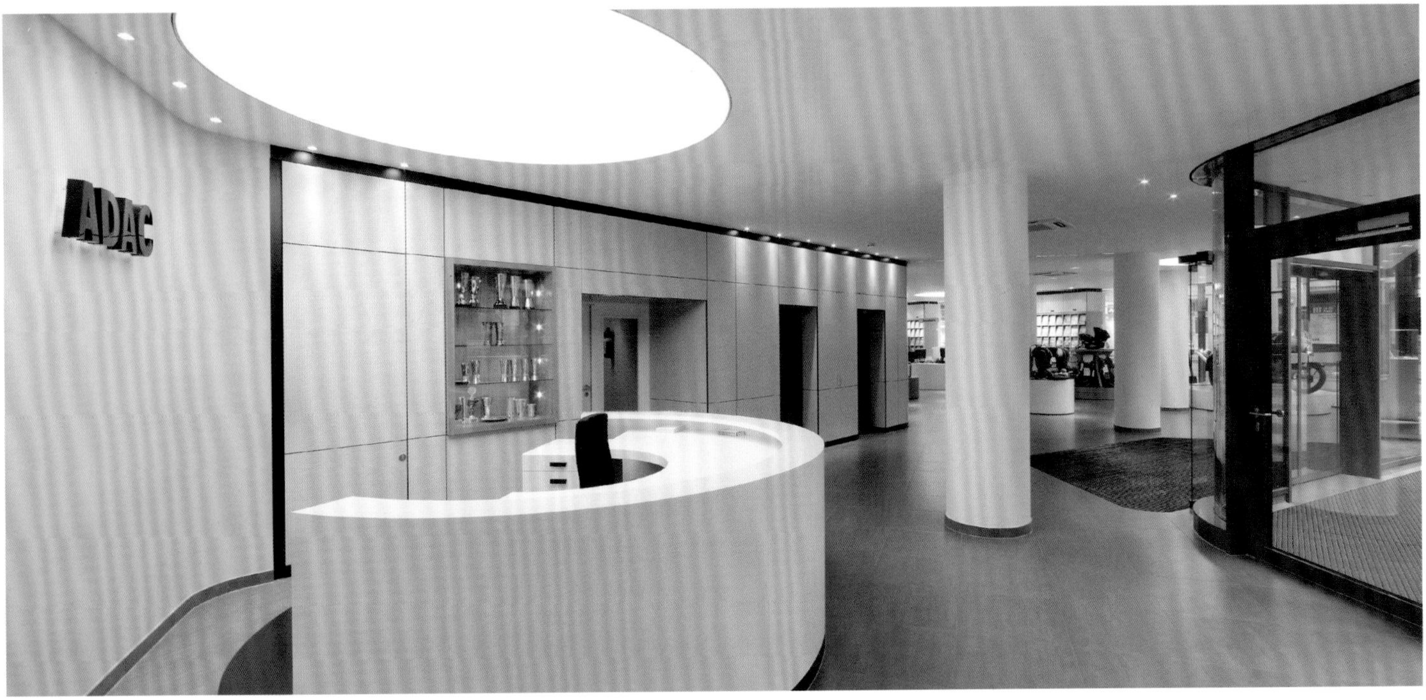
ADAC

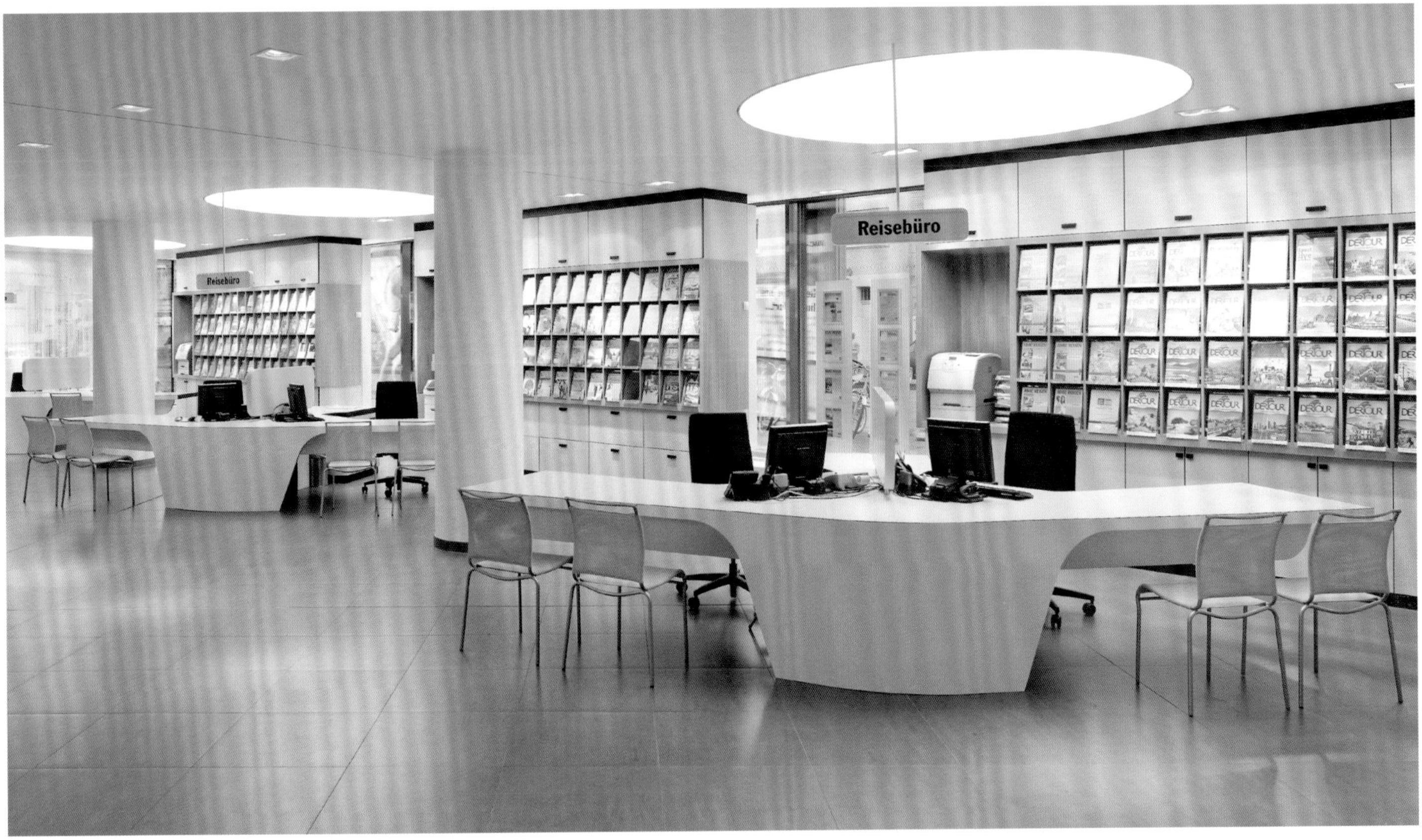
Reisebüro
Reisebüro

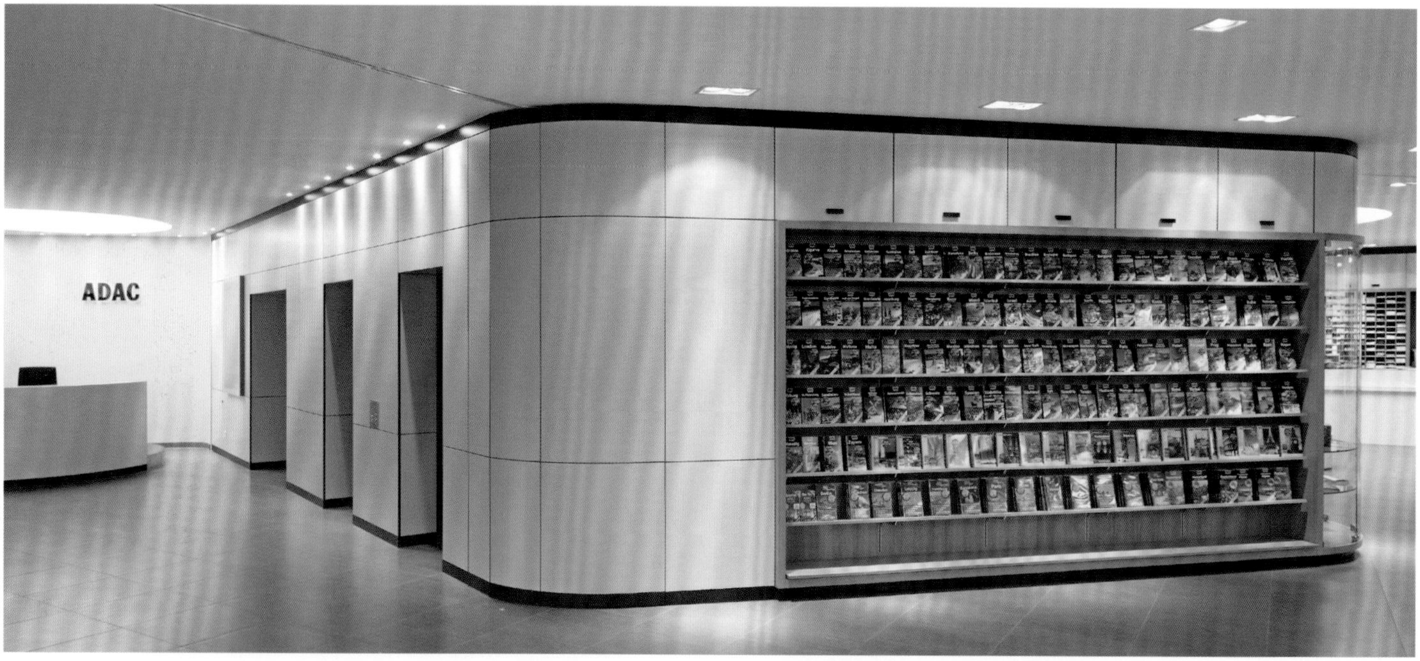

设计公司 : Site02 Architecture

设计师 : Frank SH Wang

摄影师 : Kim Yee

这是一个专为上海黑弧奥美所打造的简洁办公空间，位于上海八号桥创意园区二期。整体空间除了能够体现品牌形象之外，设计出发点更着重于提升员工的交流性和创造性，并呈现一个有特点的舒适办公环境。

办公室分为上下两层，主入口及前台位于五楼， 在空间规划上将五楼设置为以接待及会议为主的功能区块。四楼则设置为以办公及员工交流为主的开放空间。

为了让员工及客户能够更加流畅地在两个楼层空间中交互， 设计师在形式上采用了一组 “Grand Stair” 来贯穿两个楼层。 大楼梯的设置不但模糊了两个层级的距离感，并且赋予了楼梯一定的功能性。

大楼梯从五楼延伸至四楼，并且成为整个办公空间的中轴。 楼梯的材质为清漆素面高密度板，朴素的材质与纯粹的白色空间形成有趣的对比，乍看之下犹如牛皮纸所折出来的素面模型，深褐色的密度板延伸至四楼地面， 并形成一个供员工交流、互动、休息和交换信息的 “交互空间”。空间内设置了图书架、吧台、 台球桌、长凳等等活动设施，员工及访客也可以坐在大楼梯上交谈、上网或举行一些非正式的讲座和会谈。

交互空间以外的其他会议空间及办公空间均以简洁的白色和浅灰色为主基调，少部分墙面采用红色材质以体现奥美的品牌形象。

前台区域为一个狭长形的空间，红色的 logo 墙位于空间末端并在纯白空间中体现适当的张力和视觉冲击力。 为了减少前台接待空间的狭长感， 正对窗户的整体墙面均采用明镜材质。镜子后面隐藏了液晶屏幕，用来展示奥美的各类作品及案例。超长的灰色坐垫提升了空间的纵深感和设计感，访客可以坐在长凳上欣赏显示屏内的展示内容。

所有办公家具均为定制产品， 让整体设计风格能够更加统一。主体空间及家具都尽量保持简练及明快的线条感，并在保持明亮舒适的前提下体现适当的设计态度及现代感。

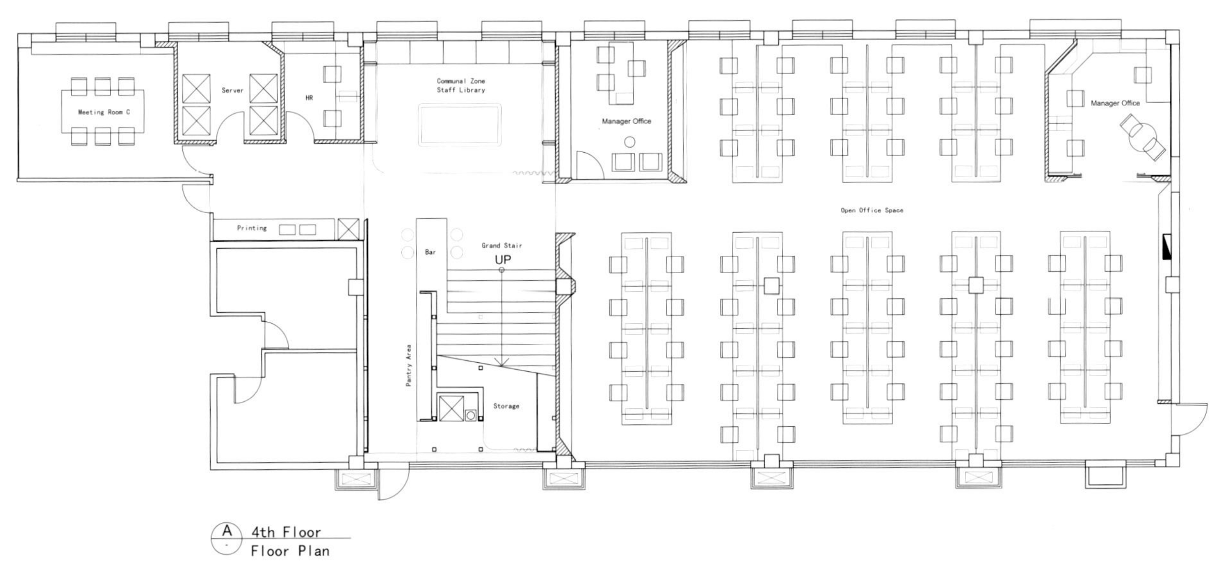

A 4th Floor
Floor Plan

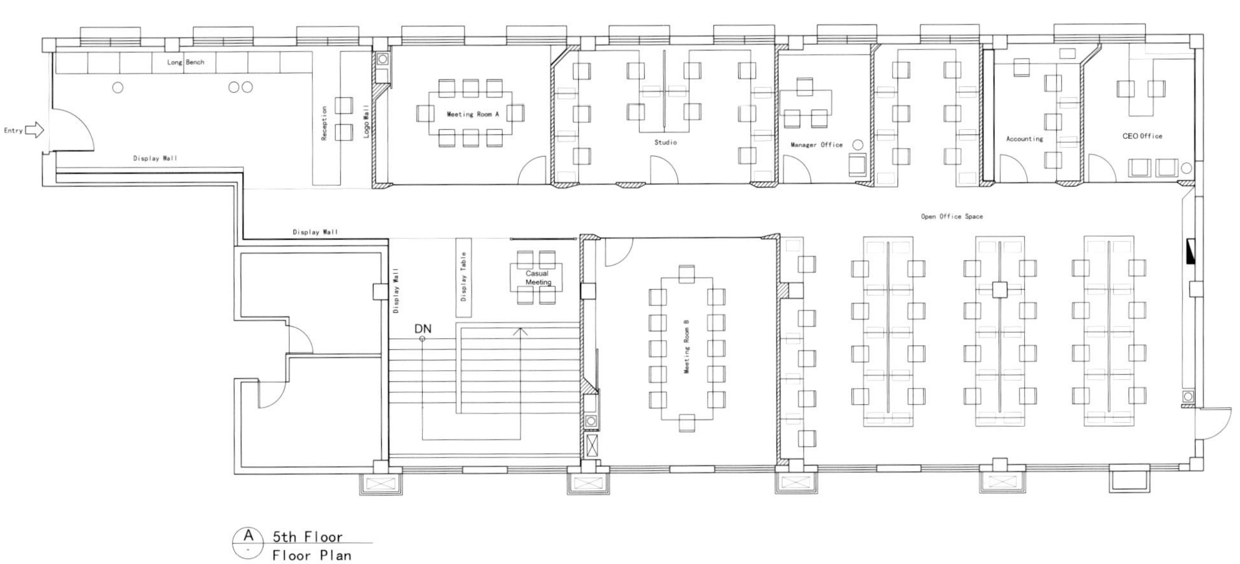

A 5th Floor
Floor Plan

BlackArc Ogilvy

设计公司：RICE+LIPKA ARCHITECTS（LYN RICE ARCHITECTS）

设计师：Lyn Rice，Astrid Lipka

摄影师：RICE+LIPKA ARCHITECTS（LYN RICE ARCHITECTS）

Buro Happold 纽约办公室

Buro Happold 纽约办公室位于纽约地标性建筑华尔街办公大楼的最高两层。Buro Happold 工程顾问公司的这座最新办公室面积共 35000 平方英尺，包括 7500 平方英尺的阳台。LYN RICE ARCHITECTS 事务所将室内现有设计和装饰剔除，使整个结构完整地呈现出来。设计师和 Buro Happold 公司密切合作，最终完成了本项目的所有设计。最新的路创调光系统被应用于本项目中，可以调节光线，并且与日光采光条件达成了完美统一。

设计师的设计要点在于打造一种独立的大型开放式办公空间，其中包括三个会议室。室内有一间被包裹起来的会议吧，可以作为私人会议场所，同时这个小空间中安放着服务器、测绘仪以及仓储空间。会议吧的西面是一个开放式的通道，可以到达厨房和午餐酒吧。

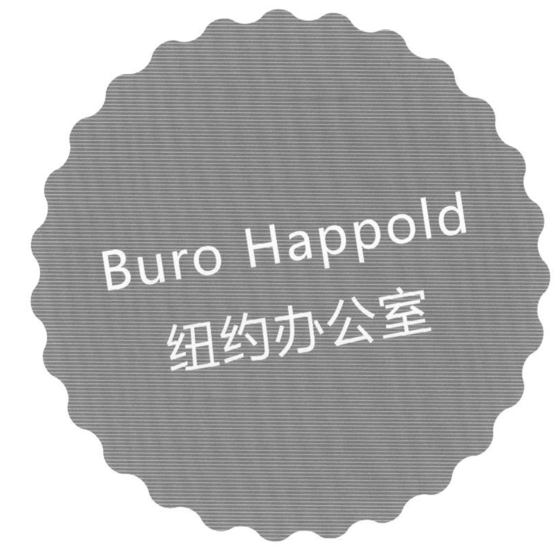

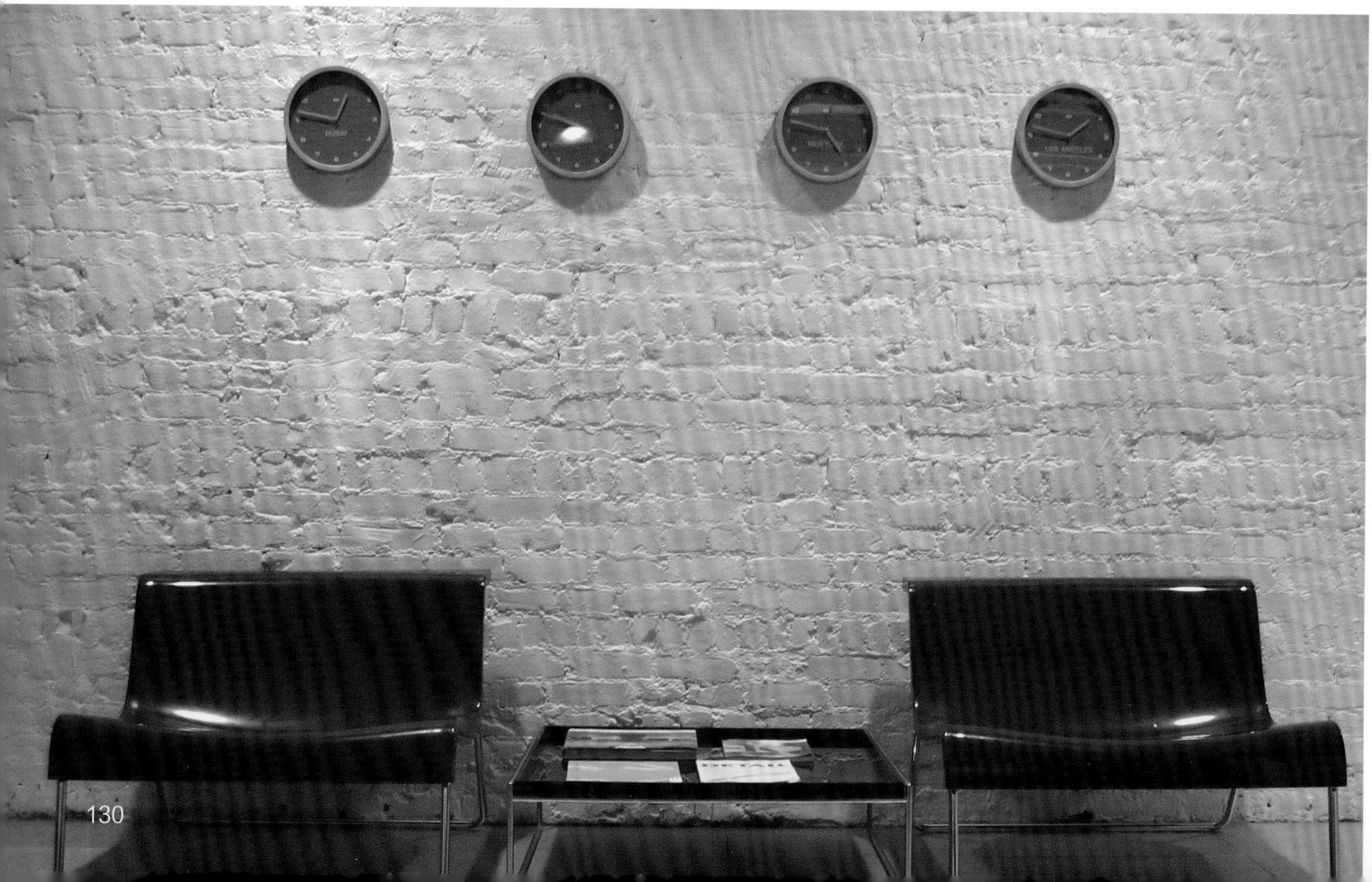

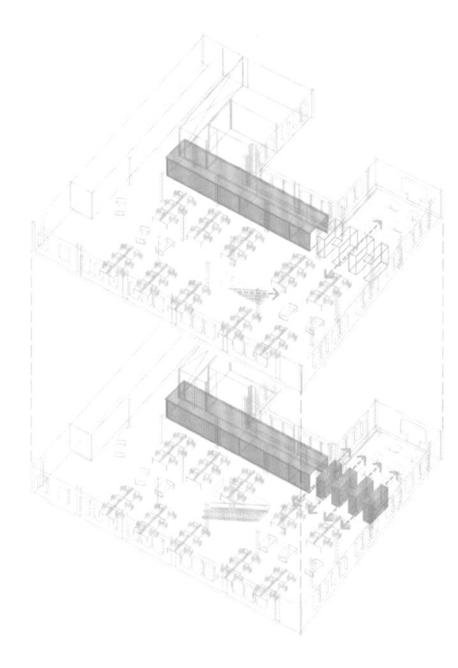

Buro Happold

Buro Happold
New York
Los Angeles
Bath
Belfast
Berlin
Birmingham
Dubai
Dublin
Edinburgh
Glasgow
Kuwait
Leeds
London
Manchester
Moscow
Riyadh
Warsaw

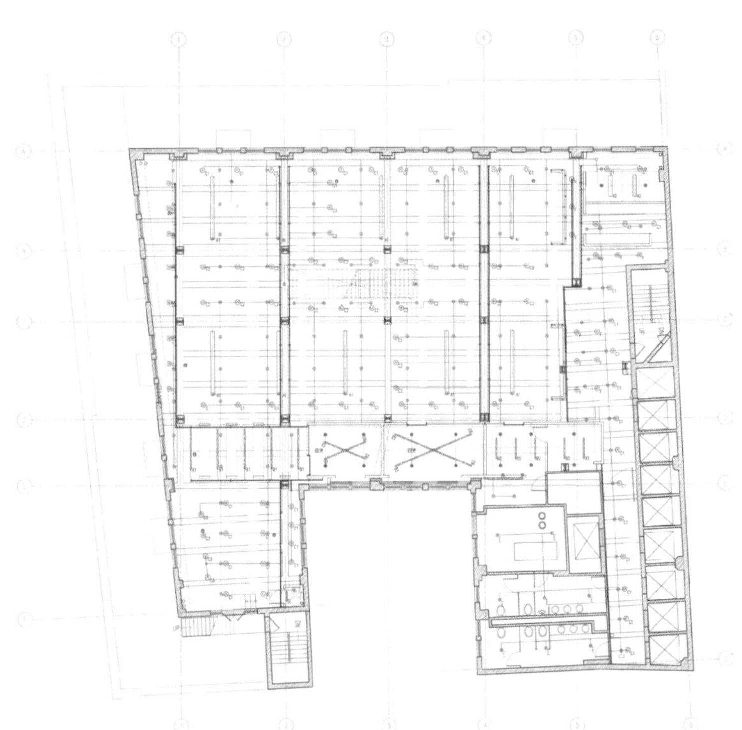

设计公司 : Studio27 Architecture

设计师 : John K. Burke, Todd Ray

摄影师 : Anice Hoachlander, Hoachlander Davis Photography - Erik Johnson Photography, Inc.

华盛顿著名的平面设计公司 Design Army 在寻找新的办公地点以此来满足日益增长的业务需求。在做足调查之后，Design Army 在 NOMA 区买到了一个废弃破旧的房子，它在 1968 年的暴乱中被毁。NOMA 区沉寂了 30 多年，终于在城市规划中作为区域再发展的重点被重新激活了起来。

Design Army 的目的是将这栋两层楼的建筑扩大、延伸、改建为三层半。这家拥有 8 个人的公司需要其中两层半来作为日常工作和学习的地方，临街的一层出租作为店铺，租金可为这栋房屋重新设计建造增加花费来源。设计师意识到，这栋房屋的改建必须迎合此街区的发展，他们做出了整体的项目计划，并且获得了本区委员会的许可：允许此建筑物加层。Design Army 这栋产业的改建预示着本街区的再发展，再繁荣。

此后，Design Army 拥有了更多的业务以及商谈合作的空间，这增加了客户对其的信任感，使客户觉得自己确实找到了一家很有实力的设计公司。

BEAUTY AND THE BOOK
DESIGN
FLAIR

政府办公大楼

设计公司 : Zecc Architecten

设计师 : Marnix van der Meer, Merel Vos, Ron Valkenet, Bart Kellerhuis

摄影师 : Cornbread

室内格局翻新为这个办公区域创造了 70~80 个工位。设计的目的是创造一个巨大的多样性的办公环境，以此来匹配办公氛围。员工们没有固定的工位，但是可以根据他们在不同时期的需要来找到合适的位子。设计师的设计包括了空气解析室、临时会议室、标准工作区以及休息区。

办公室中各个区域由具有鲜明色彩的建筑构造连接起来。这些建筑体为办公区域增添了一种随意的特色，而且全部采用天然材料建造。同时，设计师将花园也搬进了办公室中，花园的建造者是一名艺术家。

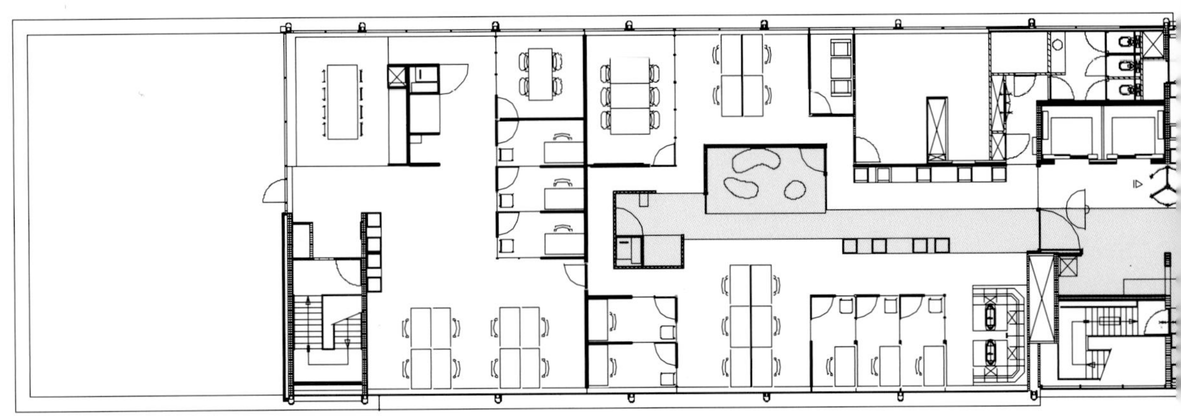

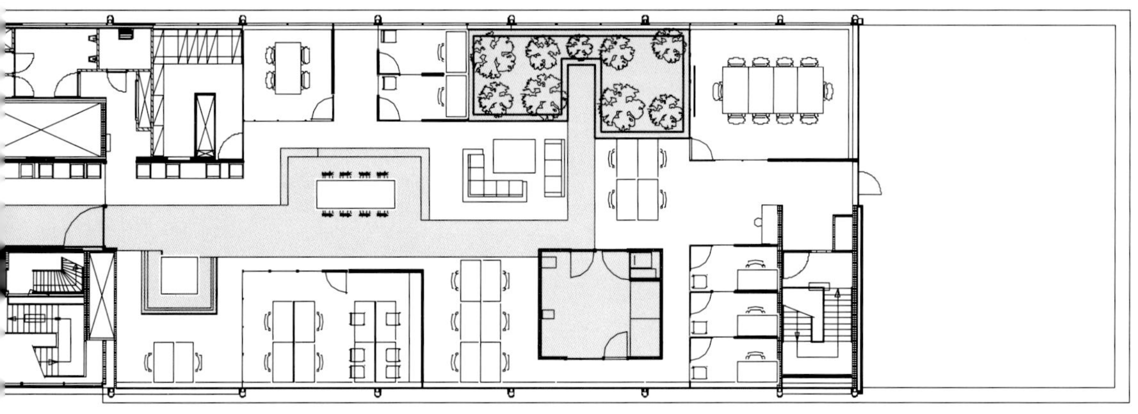

Heldergroen 工作室

Zecc Architecten BV 设计团队接到了一项工作室设计的工作。

这是一个平面设计公司的办公室，该项目由一个多学科设计团队（Zecc 建筑事务所、Heldergroen 通信 / 设计办公室和 Vrolijk 家具设计及建造）完成。三面全玻璃幕墙显示了空间的透明度，并让城市美景一览无余。完全封闭的一面墙包括了所有的配套服务设施，并有一种雕塑般的艺术感。

设计公司 : Zecc Architecten BV

设计师 : Bart Kellerhuis, Marnix van der Meer, Steven Nobel, Ron Valkenet, Sander Veenendaal, Jeroen van Zwetselaar Teun Vrolijk

摄影师 : Christel Derksen, Cornbread Works

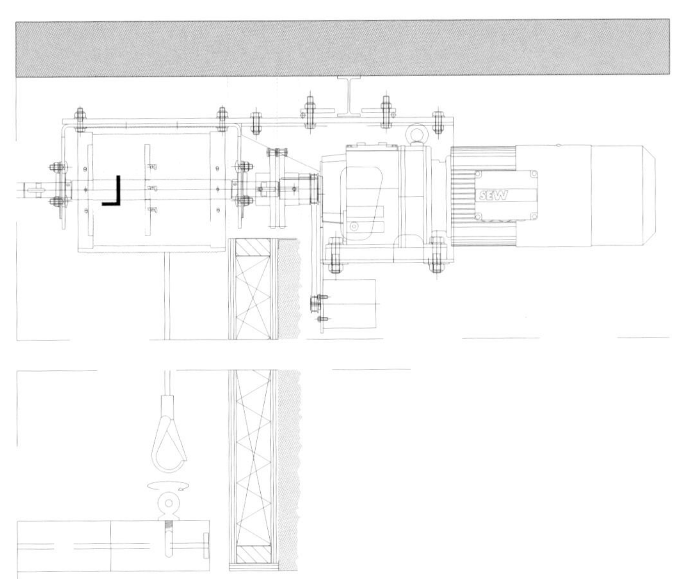
SEW

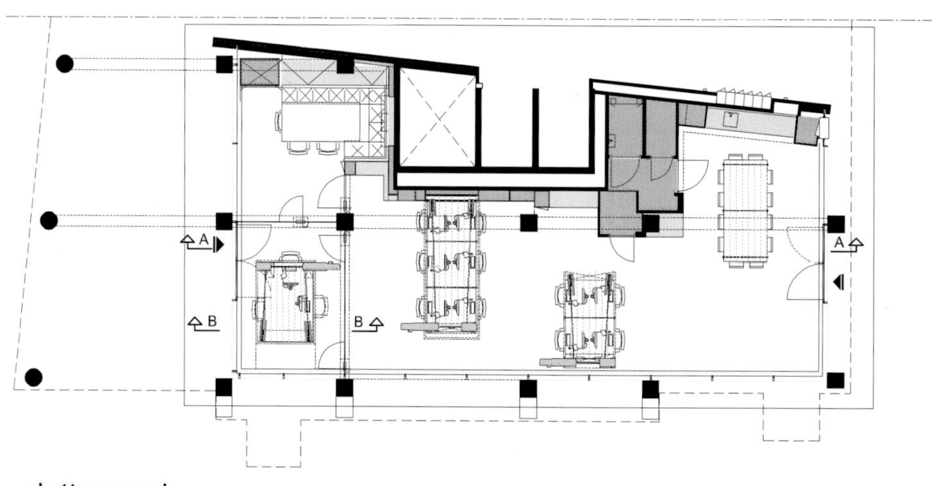

plattegrond

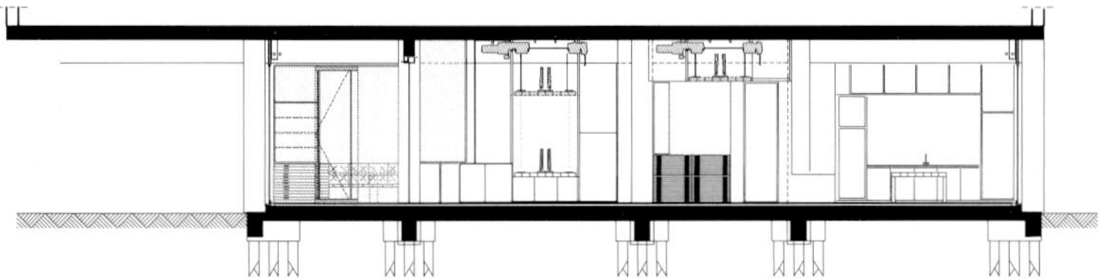

Doorsnede AA

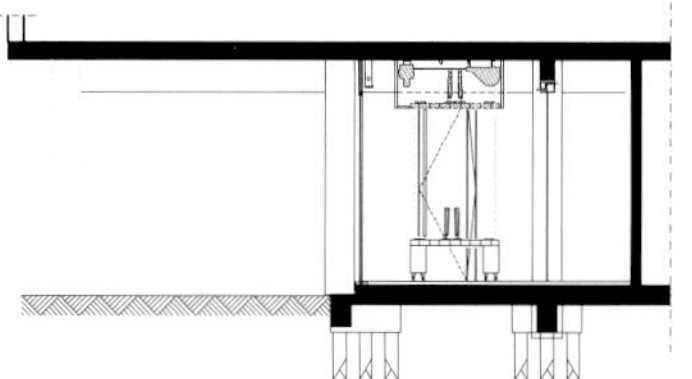

Doorsnede BB

Sky Office 办公室

设计公司 : Desai / Chia Architecture PC

设计师 : Arjun Desai Katherine Chia

摄影师 : Paul Warchol

Sky office 办公室坐落于纽约市中心布莱恩特公园的一侧。在这个位置建筑就好像漂浮在云层之上。视野开阔，能够穿越曼哈顿地平线，将纽约公共图书馆一览无余。俯瞰布莱尔特公园，为了与这个地理特点相呼应，建筑设计师将传统意义上的墙弱化，增加窗户数量，最大限度地增加视野开阔度，以便充分利用自然光采光。

客户是一家专卖店投资公司，涉足众多的领域，并一直致力于发展创新其战略结构。公司成员之间合作非常紧密。设计师受此特点的启发，创造了一个能使人们在心理上和视觉上更加贴近的室内空间：全透明的室内设计鼓励人们之间进行更多的交流。

1 CONFERENCE ROOM
2 THINK TANK
3 LIBRARY
4 WORK TABLES
5 MEDIA COLLABORATION
6 PANTRY
7 BATHROOM
8 DATE / STORAGE
9 ENTRY BENCH
N
0 1 5 10 FT

Yandex 莫斯科分公司

Yandex 是俄罗斯以及俄语国家中最大、最受欢迎的互联网服务公司。它的俄罗斯办公室是 za bor 设计公司为其打造的第二家分公司。Yandex 莫斯科分公司位于莫斯科 Krasnaya Roza 商业中心，其中一栋 7 层的大楼是它的办公室。这栋楼的剖面接近矩形。

布局上，设计师保留了建筑原有的框架，不同的房间沿着走廊串联了起来。透明的玻璃内墙使整个空间变得柔和，橙色涂料的使用则为黑白灰的整体风格增添了一丝明快。

明快的空间设计以及令人印象深刻的家具是 za bor architects 事务所的标志性设计特点。他们成功地传递了“Yandex”公司发展的主旨。其工作区域的天花板采用了具有机枪隔声效果的材料 Ecophon；此材料被广泛应用于影院隔声。

设计公司 : za bor architects

设计师 : Peter Zaytsev Arseny Borisenko

摄影师 : Peter Zaytsev

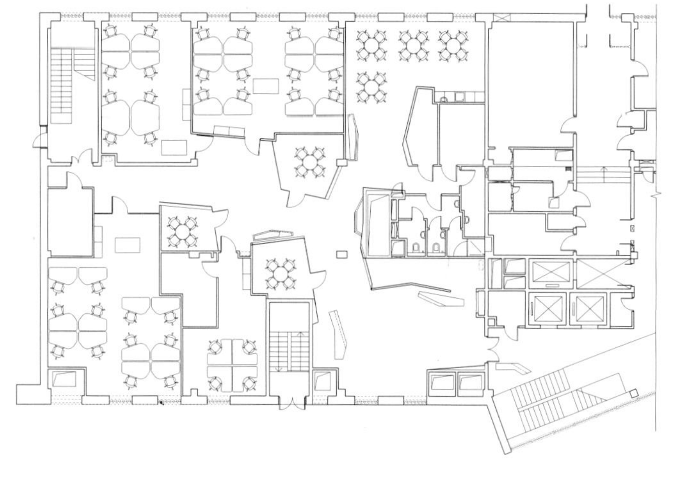
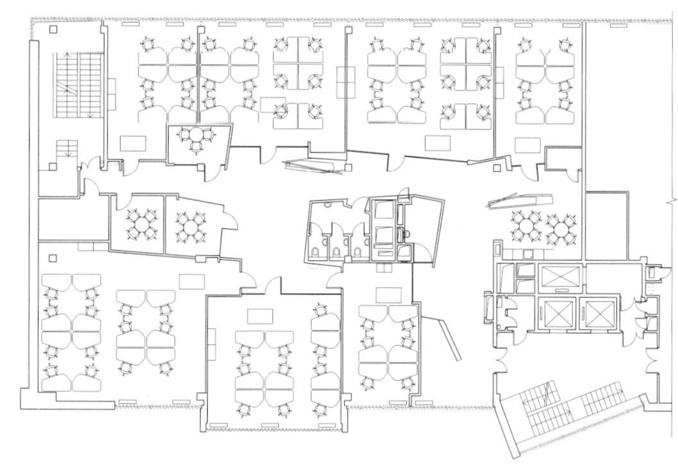
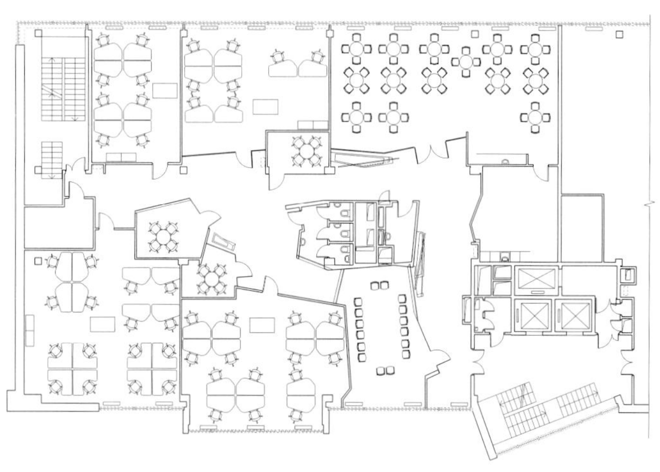
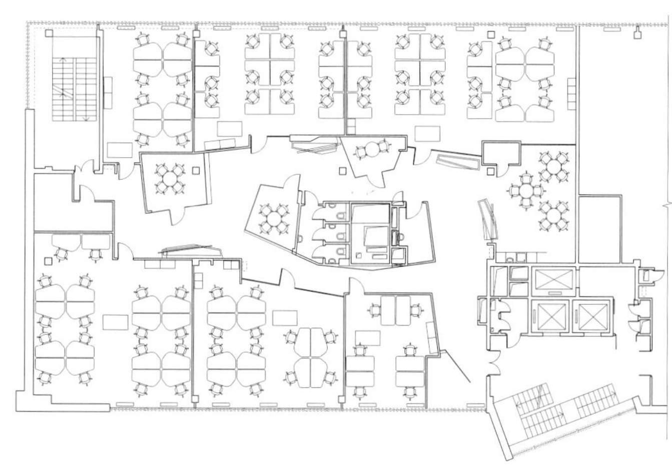
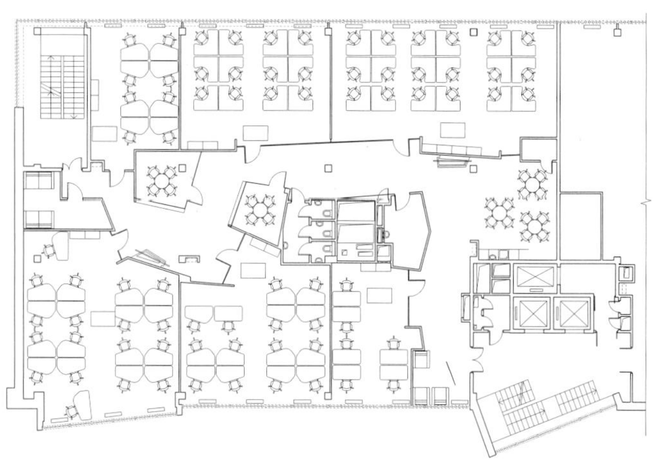
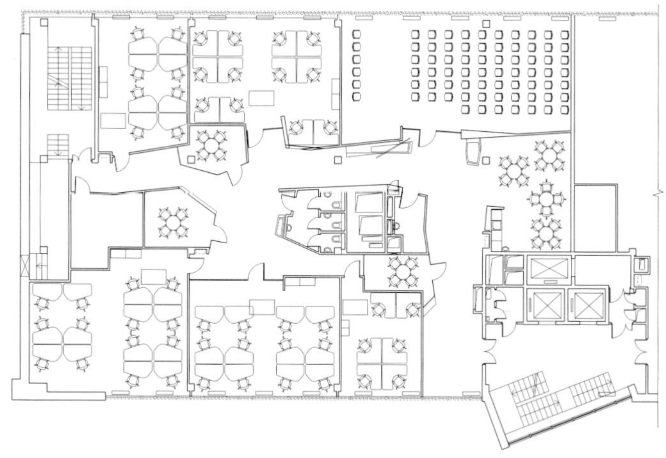

переговорная

该办公室共分为三层，每一层室内设计各有千秋：领导办公室所在的一楼设计散发着坚定温暖的力量；红色和棕色装饰色彩交相使用的三楼是俄罗斯市场部的所在地；二楼是公司的主办公区，受到生态环境和美学的极大影响，空间感非常舒适，环境优雅。所有三层楼的设计展现了一个行云流水的整体空间，是办公室设计中的一大特色。

设计公司 : PLAZMA

设计师 : Rytis Mikulionis, Toma Baciulyte

摄影师 : Raimundas Urbakavicius

PIENO ŽVAIGŽDĖS

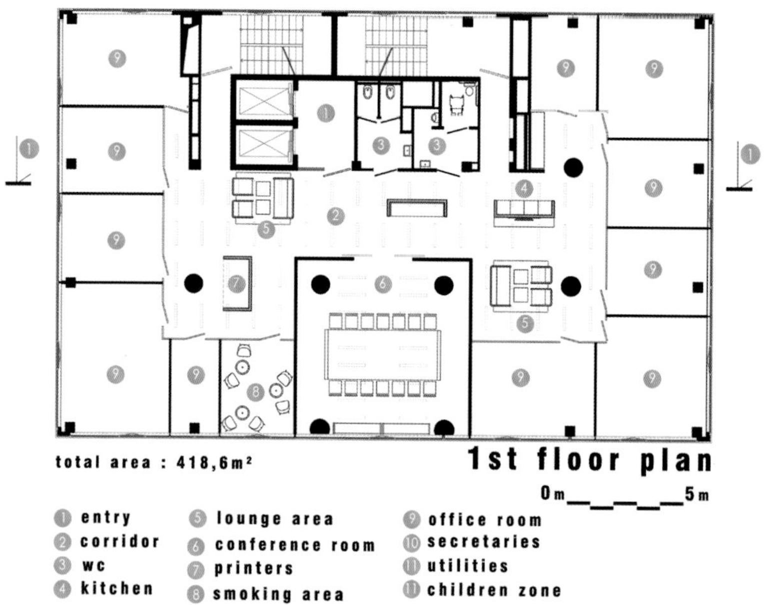

total area : 418,6m²
1st floor plan
0m
5m
1 entry
2 corridor
3 wc
4 kitchen
5 lounge area
6 conference room
7 printers
8 smoking area
9 office room
10 secretaries
11 utilities
11 children zone

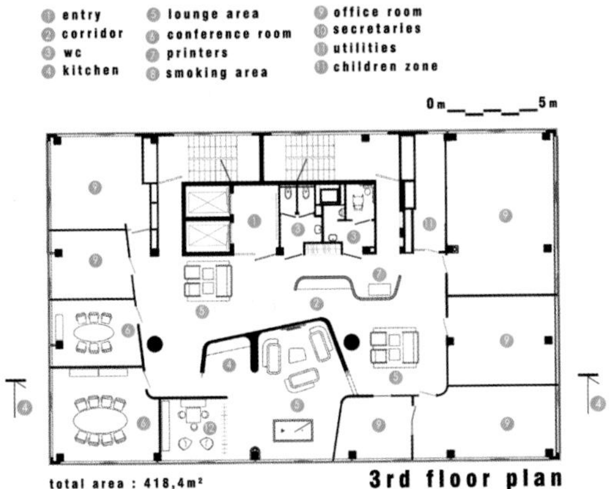

1 entry
2 corridor
3 wc
4 kitchen
5 lounge area
6 conference room
7 printers
8 smoking area
9 office room
10 secretaries
11 utilities
12 children zone
0m 5m
total area : 418,4m²
3rd floor plan

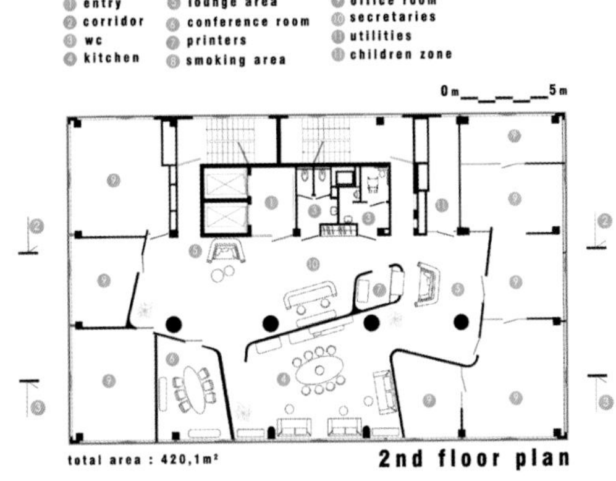

1 entry
2 corridor
3 wc
4 kitchen
5 lounge area
6 conference room
7 printers
8 smoking area
9 office room
10 secretaries
11 utilities
12 children zone
0m 5m
total area : 420,1m²
2nd floor plan

设计公司 : i29 interior architects

摄影师 : i29 interior architects

由于 Gummo 广告公司将在阿姆斯特丹 Parool 报业大厦的一楼进行为期两年的短暂承租，荷兰 i29 interior architects 公司以此为出发点设计了这间办公室。设计师认为 Gummo 公司需要一个“低成本，再利用，重新使用”的时尚办公空间，这样一来，对环境的影响会很小，同时还能为客户节约成本。i29 设计了能够反映 Gummo 公司特性并且符合 i29 自然、简约、轻松务实的设计理念的空间环境，整个空间时尚而富有幽默感。办公室内的一切都要符合这个全新的环境色彩特点：白色和灰色。所有家具原材料都来自于 Marktplaats （荷兰 eBay）、慈善商店以及前任公司遗留下的东西。经过环保材料 polyurea Hotspray 的喷涂，处理成深灰色，从照片中可以看出，连耶稣肖像也没能逃过被喷涂的境地。此项目是灵活运用材料设计现代时尚简约办公空间的一个典范。对旧家具物品进行喷涂的再利用给予了它们新的灵魂和优势。

1 Joey
3 Will

ONLINE
MONEY
MEDIA
- RSS
- EMBEDDING
BIZON
I AMSTERDAM
HET PAROOL
VOLKSKRANT
JC DECAUX
BOOMERANG
AT5 PR
RTV NH PR
NL20 PR
ADFORMATIE PR
ITEMS PR
NS
GVB
- DESIGN ACADEMIE
. WILLEM DE KONING
- MEDIA COLLEGE
- MIAMI AD SKOOL
- FONTYS
- HKU
HKA
- ARTEZ
MAASTRICHT
TM
4
KvZ
. MEMORABELE MOMENTEN
J KRAMER
SHOE
ANNELIES DE VET

iMac

industrieweg 29
1115 AD Duivendrecht
T 020 6956120
F 020 4165705
info@i29.nl
www.i29.nl

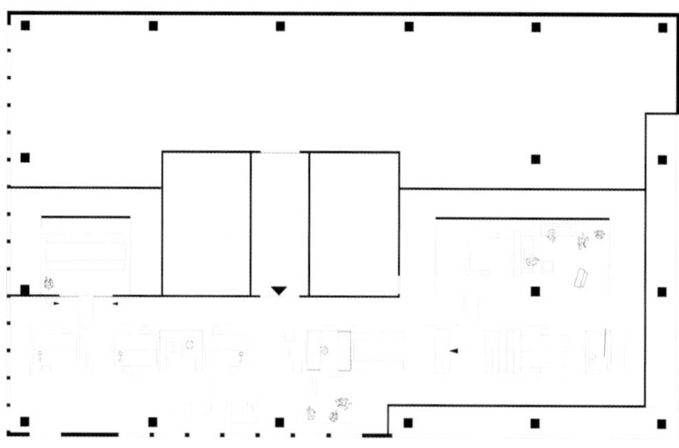

project:
kantoor gummo
onderwerp:
klant:
hajo/onno
datum:
18 08 2008
gewijzigd:
01 09 2008
getekend door:
i29
papier formaat:
A3
schaal:
1:100
tenzij anders vermeld
maten in het werk controleren

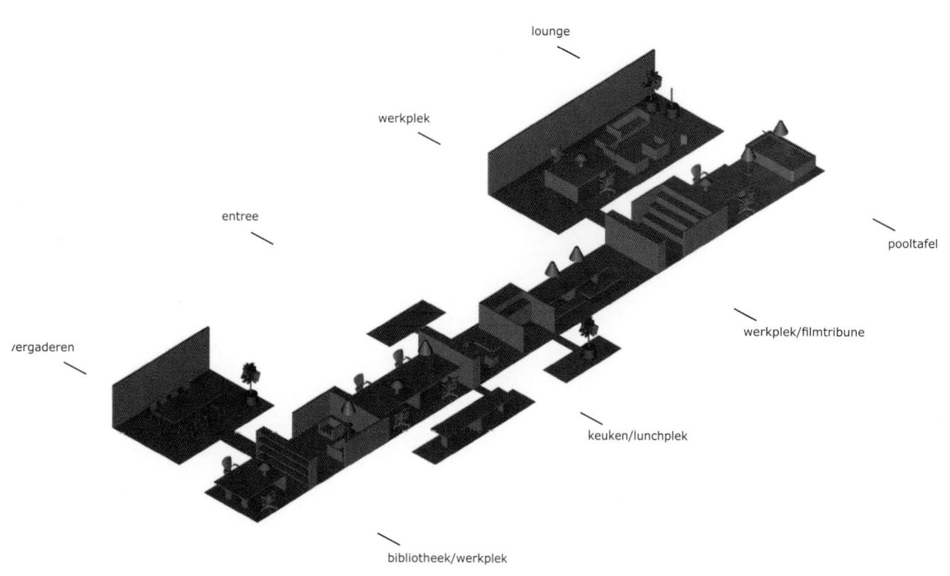
lounge
werkplek
entree
pooltafel
werkplek/filmtribune
vergaderen
keuken/lunchplek
bibliotheek/werkplek

ADVERTISING TODAY
ARAKI

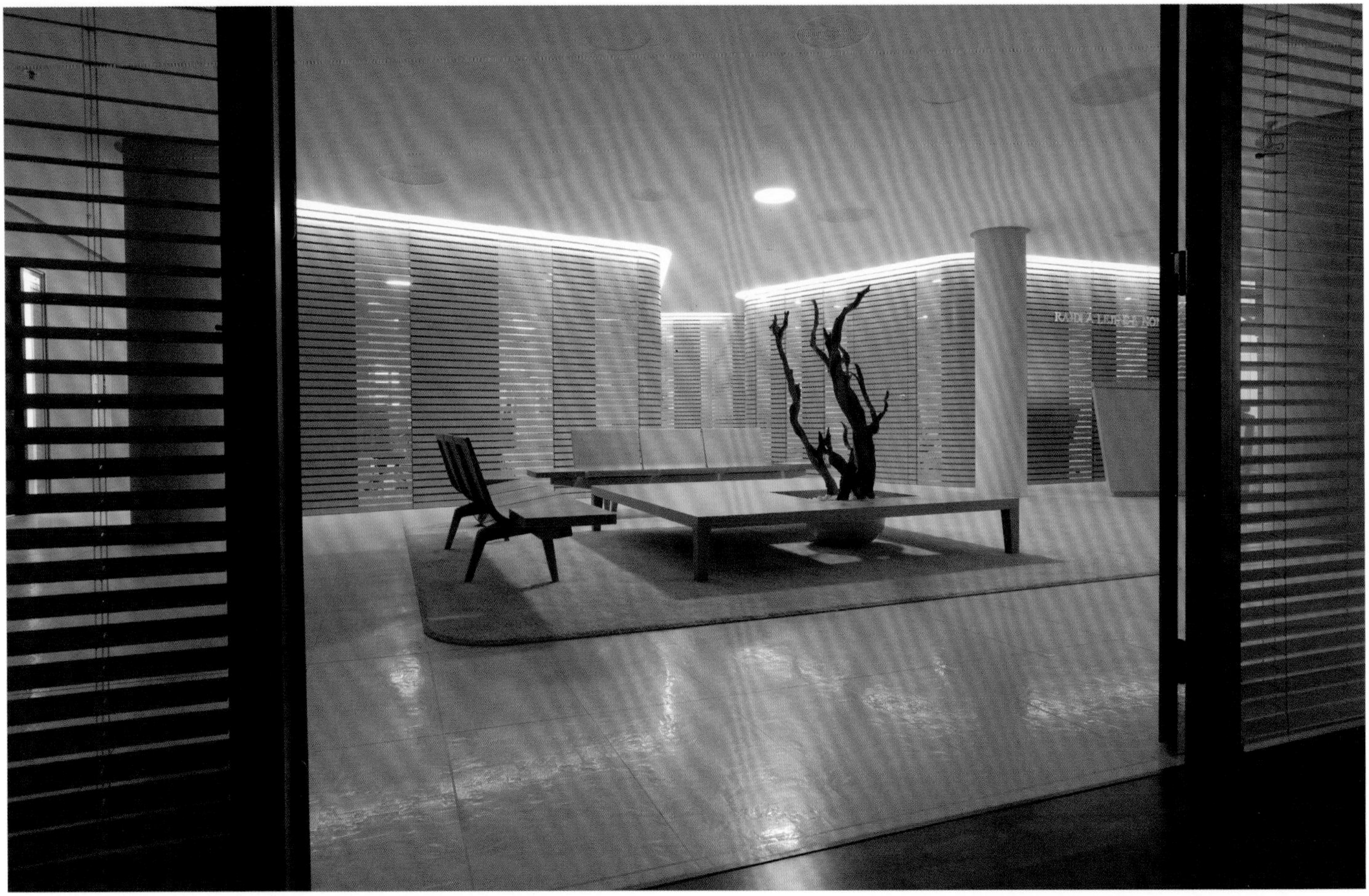

设计公司：PLAZMA

设计师：Rytis Mikulionis, Toma Baciulyte

摄影师：Raimundas Urbakavicius

LAW FIRMS
律师事务所

中性温和的材料和简洁的设计形式充分体现出斯堪的纳维亚风简约风格。整个室内设计的主题主要集中在办公区域的前面，会议大厅正好位于此处。精巧设计的隔断组成了很多个办公区域，这些隔断具有温和的色彩以及别具特色的形状，显示了整体室内布局的统一与大气。

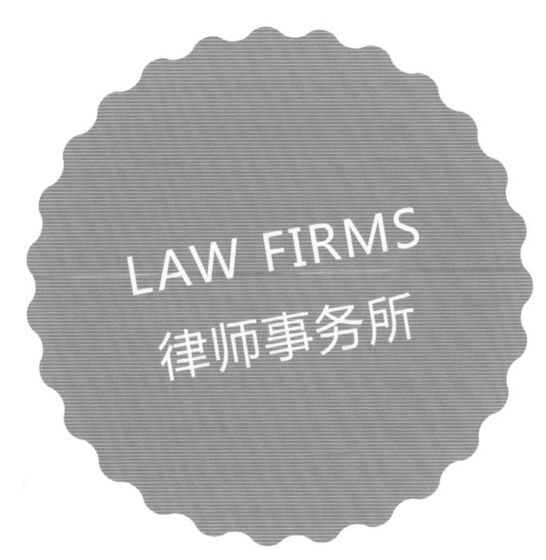

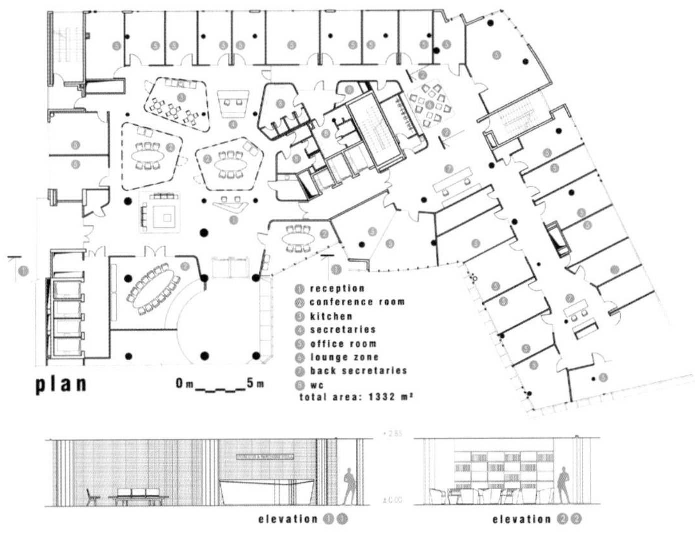

1 reception
2 conference room
3 kitchen
4 secretaries
5 office room
6 lounge zone
7 back secretaries
8 wc
total area: 1332 m²
plan
0m 5m
elevation 1 1
elevation 2 2

PHILIPS
PHILIPS

JTI branding 办公室

设计公司 : Nikolaus Schmidt Design

设计师 : Nikolaus Schmidt

摄影师 : Bruno Klomfar

设计师为日本烟草公司设计了位于维也纳的办公室。室内的视觉效果以及墙面上的字符代表了烟草公司的发展历史以及公司的核心价值观念，同时将公司的品牌形象自始至终贯穿于整个大楼的内部设计之中。基于此平面设计的概念，设计公司 Nikolaus Schmidt Design 与 Durig and Prenner architects 一同合作，负责整体室内设计，其中包括地面、家具以及绿植的设计元素。同时设计师也非常高兴能和烟草公司的员工就室内设计进行及时有效的沟通和互动。

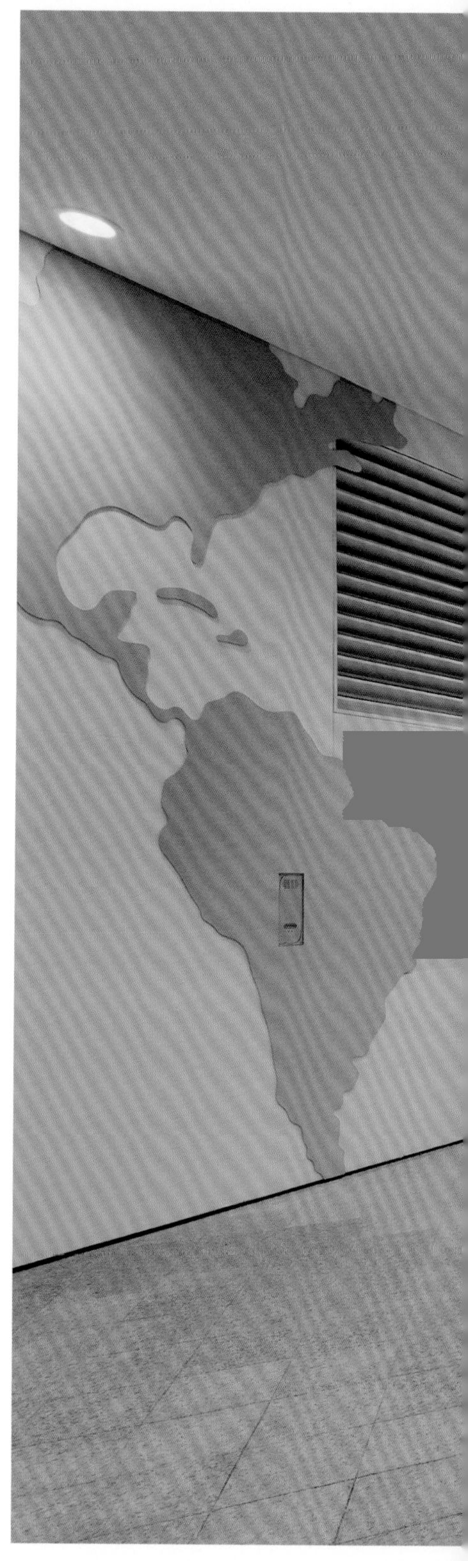

Koppstrasse 116

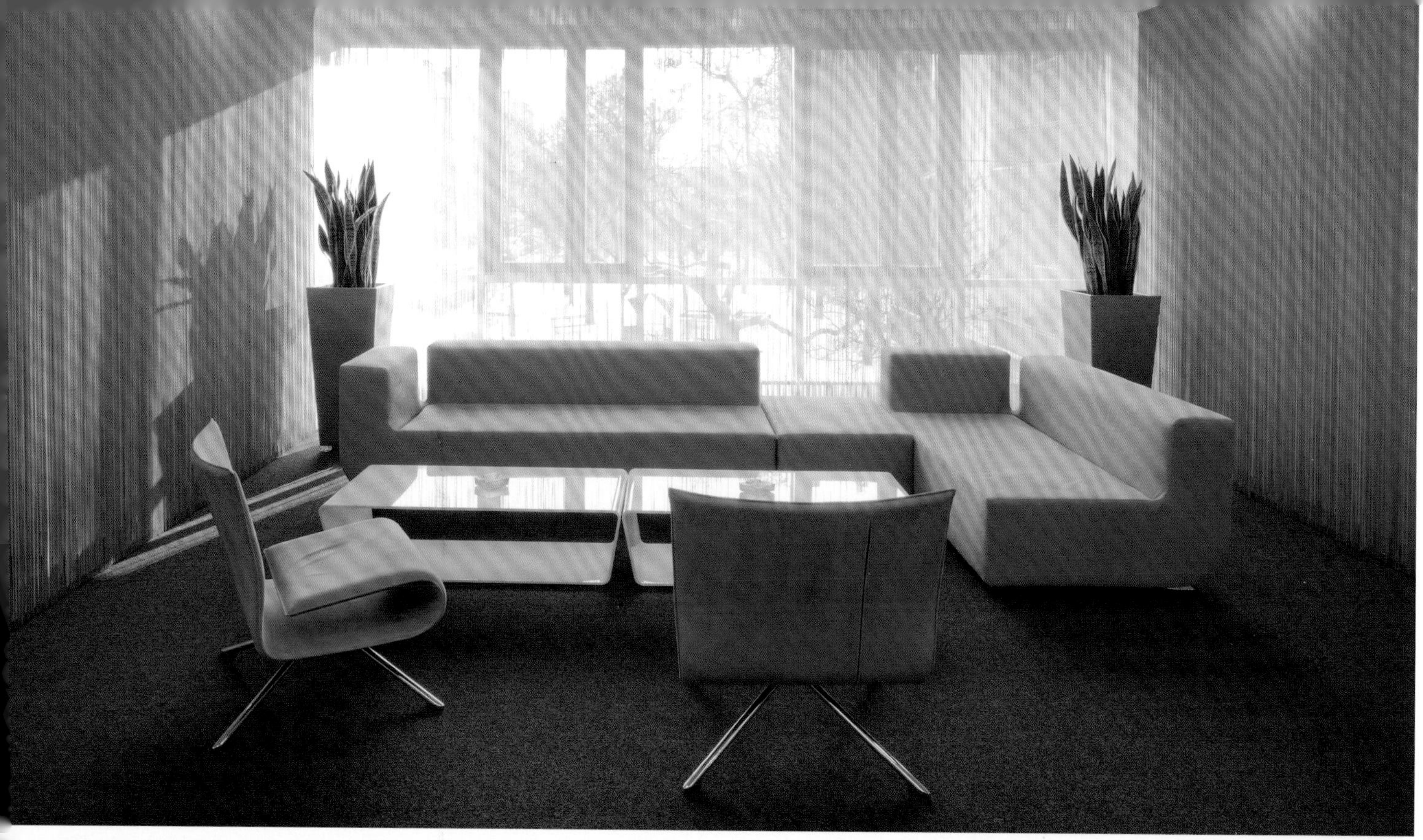

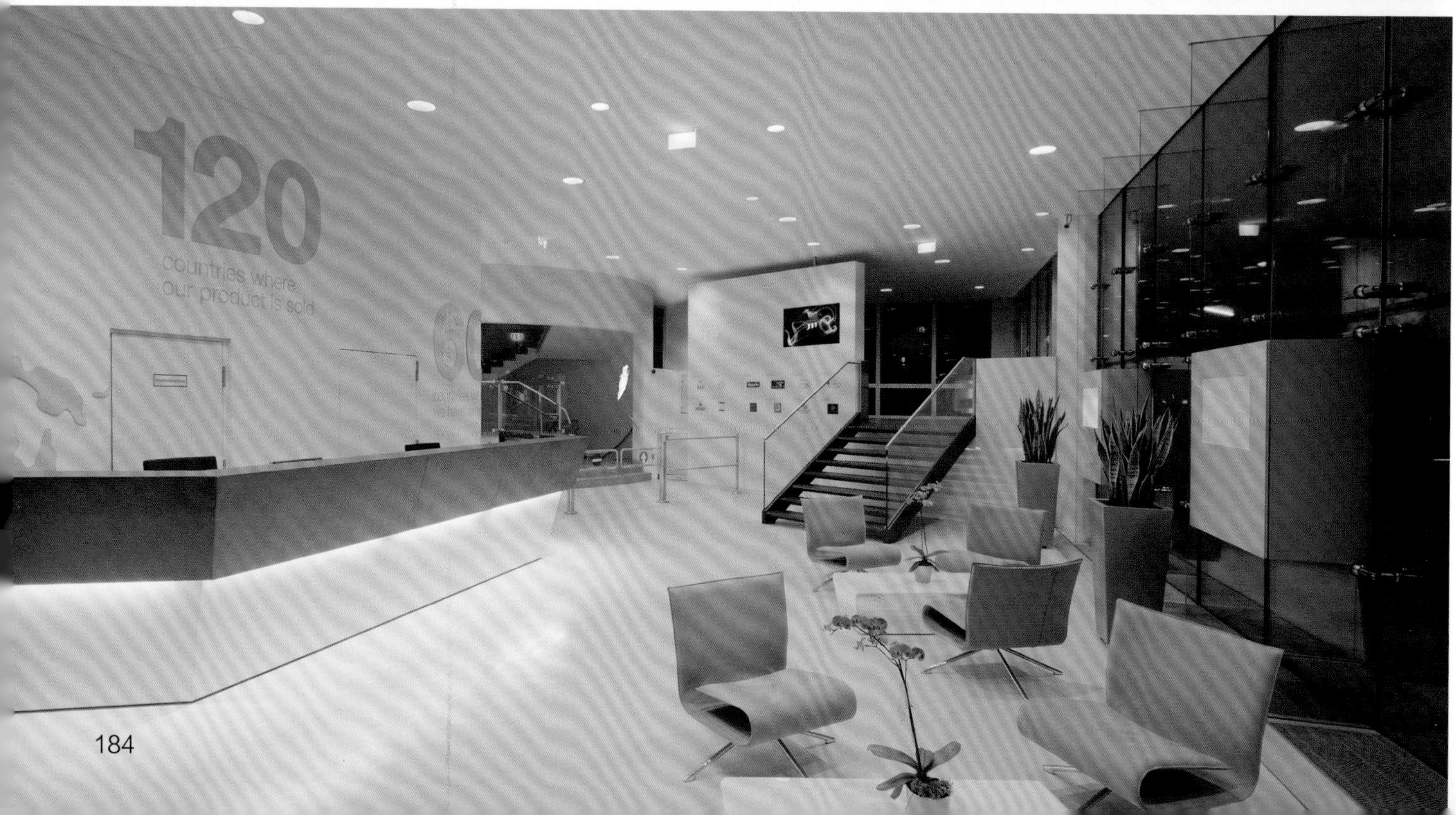

120
countries where
our product is sold

MEMPHIS
Memphis was launched in 1896.
Oriental mixtures were the high
fashion at the turn of the century.
The success of the product caused Austria Tabak to
gradually extend the brand to a

120
countries where
our product is sold

1999
LD launched (Russia)
1999
1994
JT is listed on the Tokyo,
Osaka and Nagoya stock
exchanges
1995

2005
1997

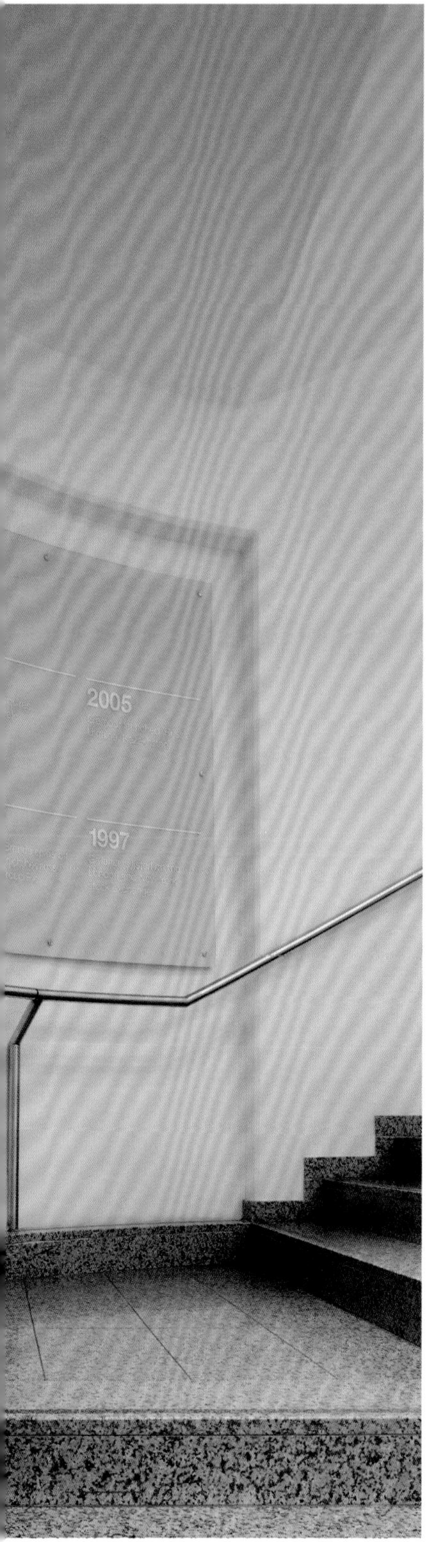

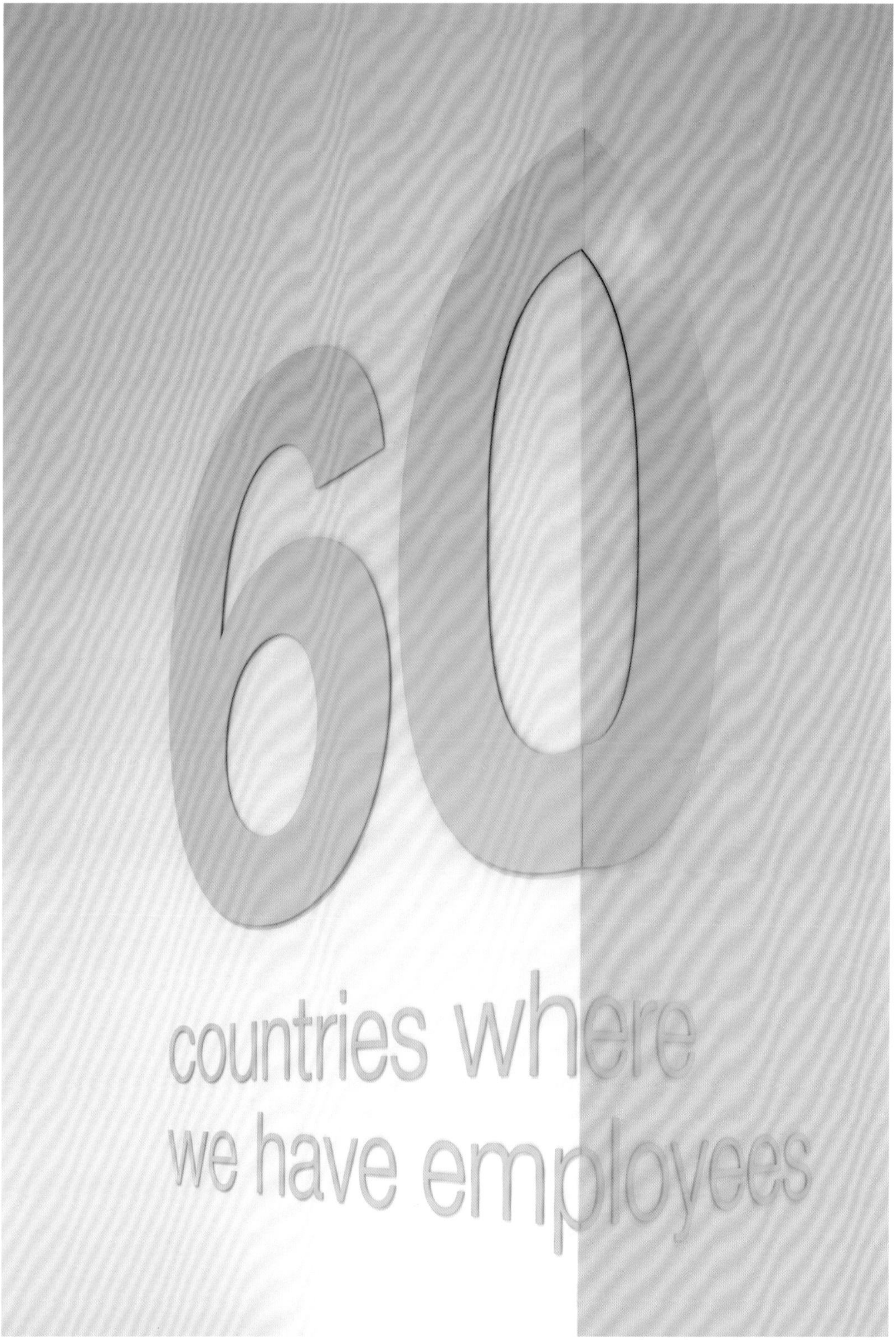
60
countries where
we have employees

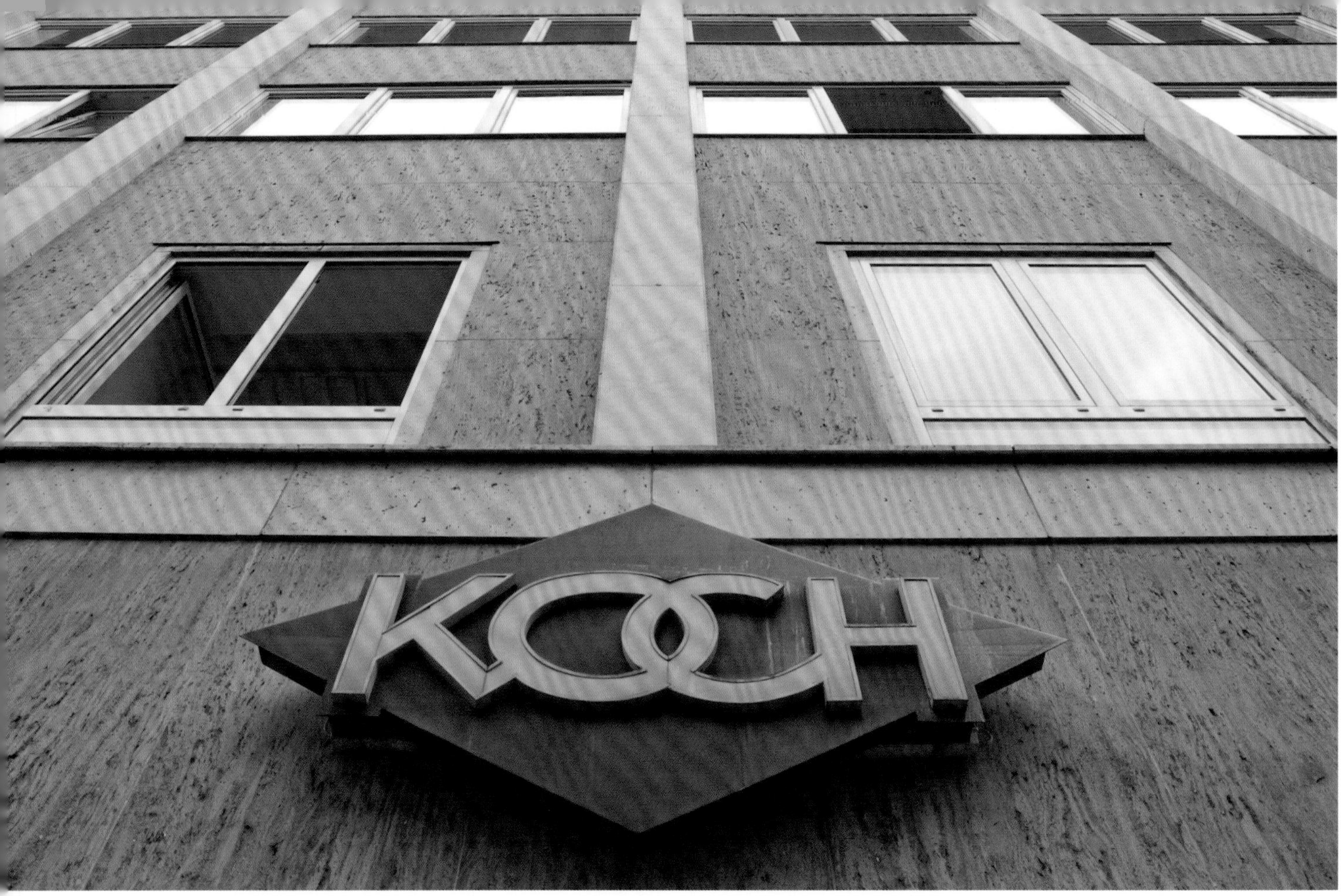

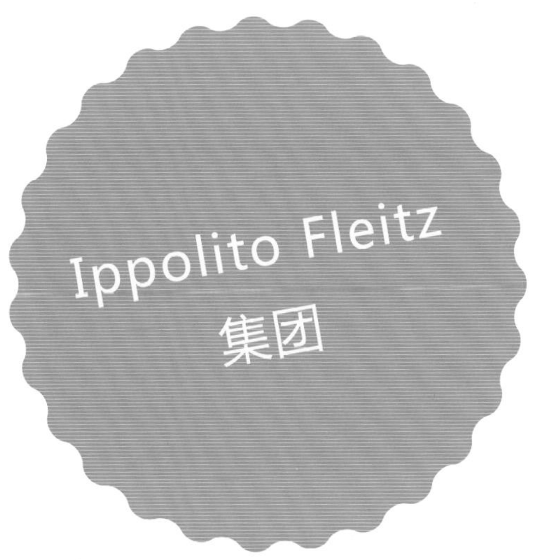

设计公司：Ippolito Fleitz Group – Identity Architects

设计师：Peter Ippolito, Gunter Fleitz, Sandra Böhringer, Inken Wellpott, Julian Hensch, Christian Kirschenmann, Mathias Mödinger

摄影师：Zooey Braun

Ippolito Fleitz 集团

在过去 6 年里，Ippolito Fleitz Group 建筑设计公司取得了巨大的成功，随着业务的增长，公司内的员工也在逐年增加。公司内部的一级建筑设计师联合起来为自己设计了全新的工作环境，工作地点位于一栋老旧办公楼中。这座新办公室对客户和员工来说都将会成为展示其公司形象的标志。

两个长桌是培养创意、交流良好氛围的催化剂。书架和桌子等家具全采用白色或黑色的木头质地。与工作区域色彩丰富的纺织吊饰以及绿植形成强烈的对比，这些吊饰实际上是电灯开关。另外，两个会议室、交流区也是员工讨论工作的地方。办公室中还有一间宽敞的厨房及一面大镜子，它们都是员工启发灵感和放松身心的好地方。

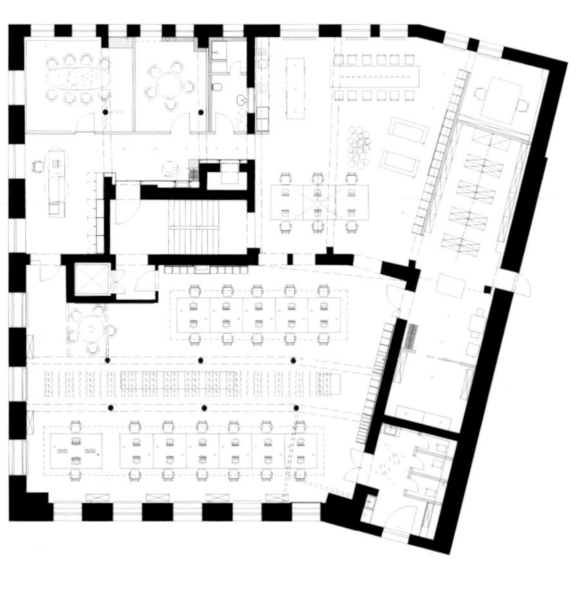

TOP SHOPS 2

SALVE

设计公司 : Durbach Block Architects

摄影师 : Brett Boardman, Patrick Bingham Hall, Peter Bennetts

设计师为 Sussan Sportsgirl 公司设计了面积达 5000 平方米的展示空间，以及 3000 平方米的停车场、办公室、餐厅、董事会所在地以及员工办公区。

设计公司 : za bor architects

设计师 : Arseniy Borisenko and Peter Zaytsev

摄影师 : Peter Zaytsev

Yandex 叶卡捷琳堡办公室

Yandex 是俄罗斯以及俄语国家中最大、最受欢迎的互联网服务公司，其位于叶卡捷琳堡的办公室是 za bor architects 为其设计的第四个办公室，该办公室位于一个叫做 Palladium 的新商务中心的 14 层，整个空间类似一个马蹄形。动态的空间与具有表现力的家具是整个设计的特点，所有空间的安排以及材料的选择也都以人为本。由于客户特殊的工作性质，除了工作区以及会议室外，还特意设置了健身房、厨房和咖啡厅。

活泼生动的设计以及令人印象深刻的家具是 za bor architects 事务所的招牌设计理念。它的设计完整地诠释了 Yandex 发展壮大的动态缩影。此项目中，木头和软木被广泛应用，刻画出了互联网公司的人性化特点。走廊上大量使用了隔板，木质材料也在办公区域广泛使用，不仅具有极强的美学特点，更起到了隔音的效果。天花板经过处理，在视觉上给人一种屋顶被拉高的感觉。

Африка

Азия
Новосибирск

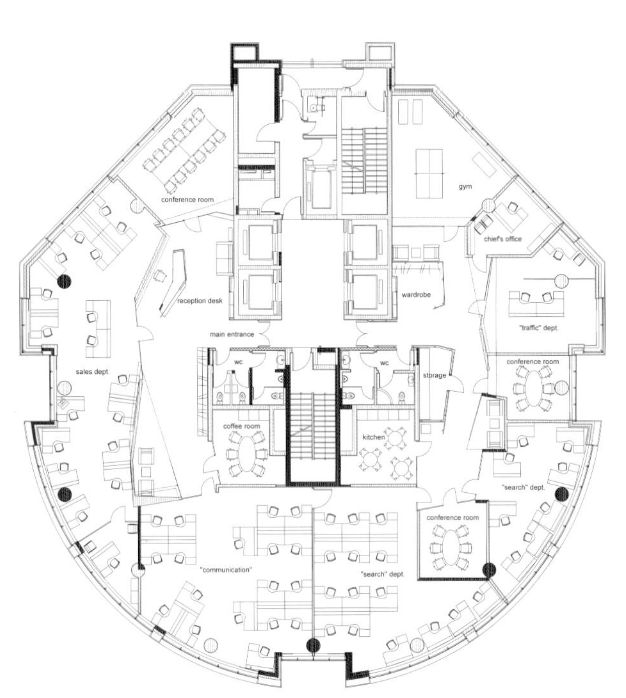
conference room
gym
chief's office
reception desk
wardrobe
main entrance
"traffic" dept.
sales dept.
wc
wc
storage
conference room
coffee room
kitchen
"search" dept.
conference room
"communication"
"search" dept.

Директорская

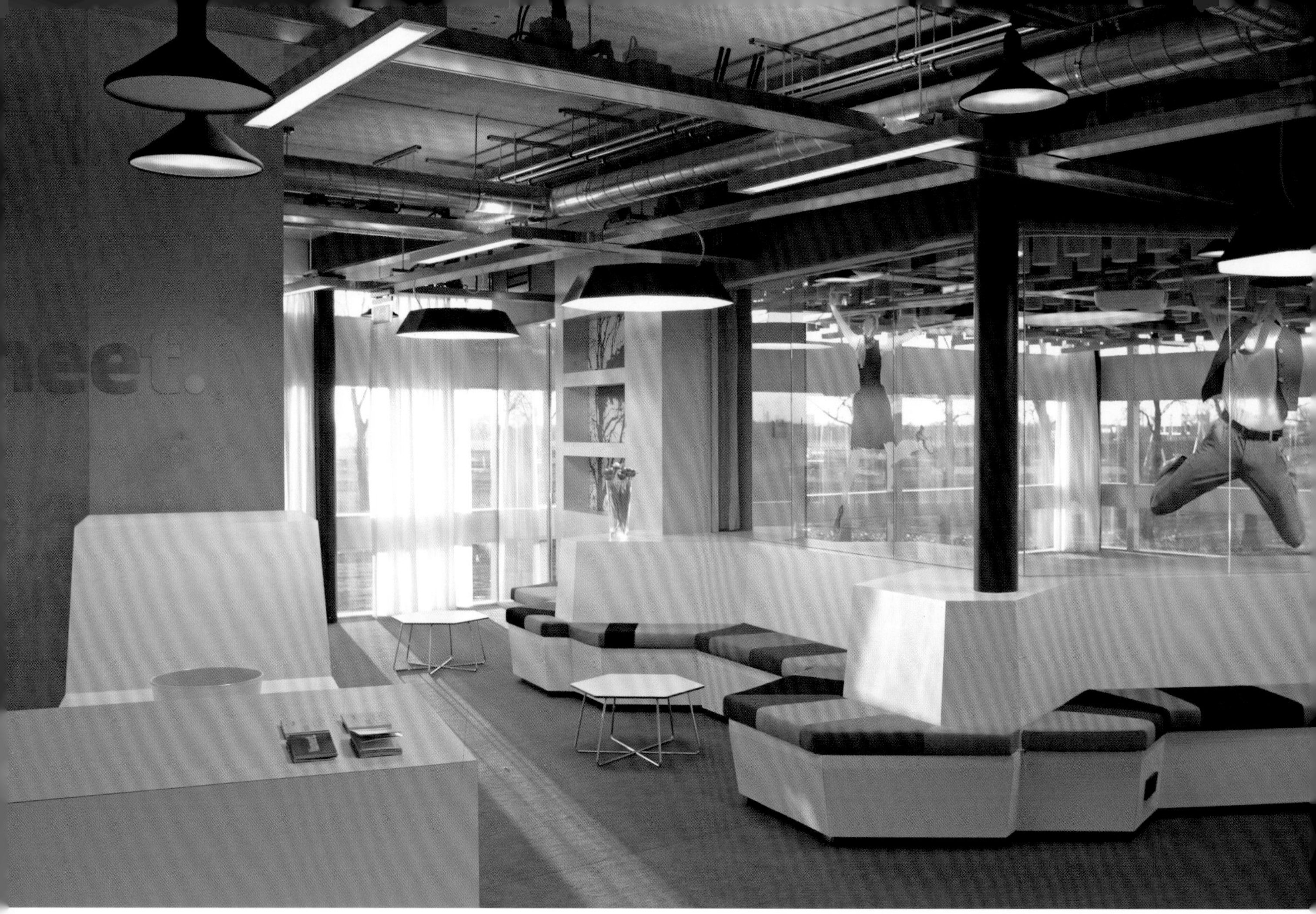

设计公司 : sprikk

设计师 : Johan van Sprundel, Max Rink & Klaas Kresse

摄影师 : Edward Clydesdale Thomson

Youmeet 办公室被设计为一个开放式的空间，使得整个空间看起来被拉伸放大。

地板和天花板的设计形成了整个空间素雅的格调，家具和隔板将空间分成不同的功能区域。桦木元素的应用组成了储藏室的空间。玻璃隔板确保人们在交谈时的隔声效果，但是并不阻碍视觉以及日光的采集。

接待区被分为接待台、咖啡吧台以及休息区。三个低矮的长座椅被安放在那里，并不会阻隔人们的视线。每个房间都用到了一些色彩搭配，这样既保存了整个空间的统一性，又使每个房间各具特色。每个独立的空间都根据其充当的特定角色而被赋予了不同的设计。Sprikk 事务所为每个房间设计了不同的地毯、装饰品以及家具。事务所最终为 Youmeet 办公室设计了一个与众不同的办公空间，充分展示了 Youmeet 公司的企业形象。

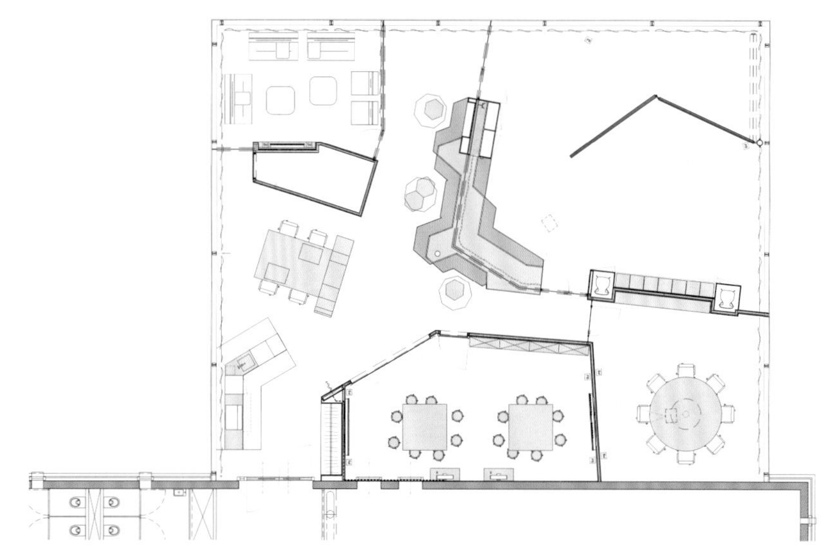

设计公司 : za bor architects

设计师 : za bor architects

摄影师 : Peter Zaytsev

除了《Hello》等一些受欢迎的书籍之外，Forward 出版集团还出版在俄罗斯以及俄语国家非常著名的室内设计杂志《室内 + 设计》、《100% 办公室》、《100% 厨房》、《100% 浴室》等。此出版集团最终在几千个设计师中挑选了 za bor architects 事务所来设计它的办公空间。

本项目室内空间组成非常复杂：面积共 4000 平方米，是一个巨大的复式商业空间，而且房顶还是双重斜坡式的设计，坐落在商业中心。从平面图可以看出，它是一个狭长的长方形，由于建筑本身的这些特性，使得设计面临着巨大的挑战。编辑部的办公室都设计为开放式的空间，与商业贸易部和零售部相连。此外，拥有独立会议室的管理层办公室和总编办公室、会议厅、档案资料室、仓库等都是办公室中所必需的。所有这些办公区域都沿着走廊贯穿整个办公室排列成行。整个空间的格局是：所有的开放式办公区域都位于走廊的一侧，而资料储藏柜位于另一侧。

在办公室设计中，尤其是这种大型办公空间，为了避免混乱，所有的工作区域标志都应该清晰明确，因此，设计师最终采用了以下方法来清晰地指引各个分区：用石材装饰的电梯大厅、明亮的接待区和会议室、隐藏在黄色建筑材料后面的洗手间入口和黑色花纹装饰的档案室。此设计中另一个亮点就是 za bor architects 特意为到访者设计的内嵌式家具。与此相反的是，工作区域全都采用了比较中性的灰色调。

所有的通信线缆都安置在斜坡式屋顶下，而房梁和横木都没有被隐藏起来，反而刷成了黑色，这样一来，会从视觉上提升屋顶的高度。

ВЫХОД

A
B
C
1
13
25

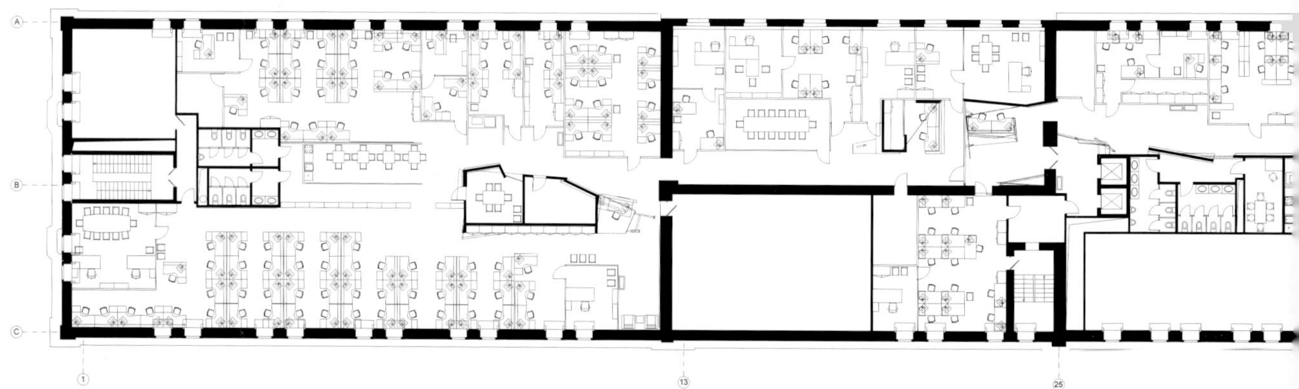
A
B
C
1
13
25

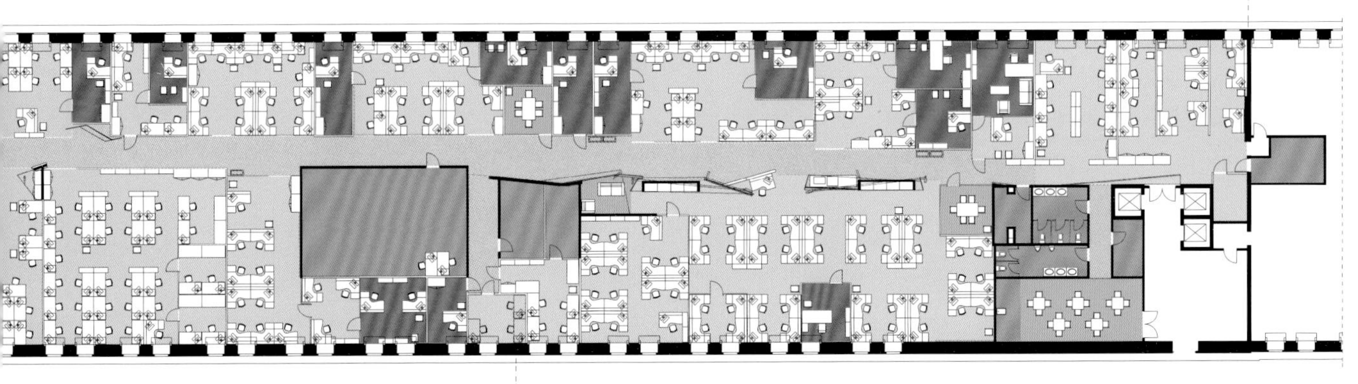
50
37

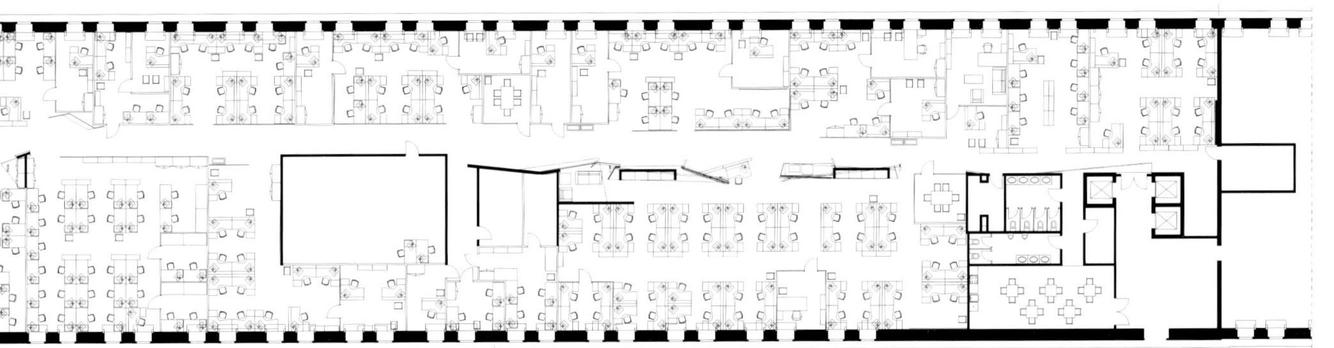
50
37

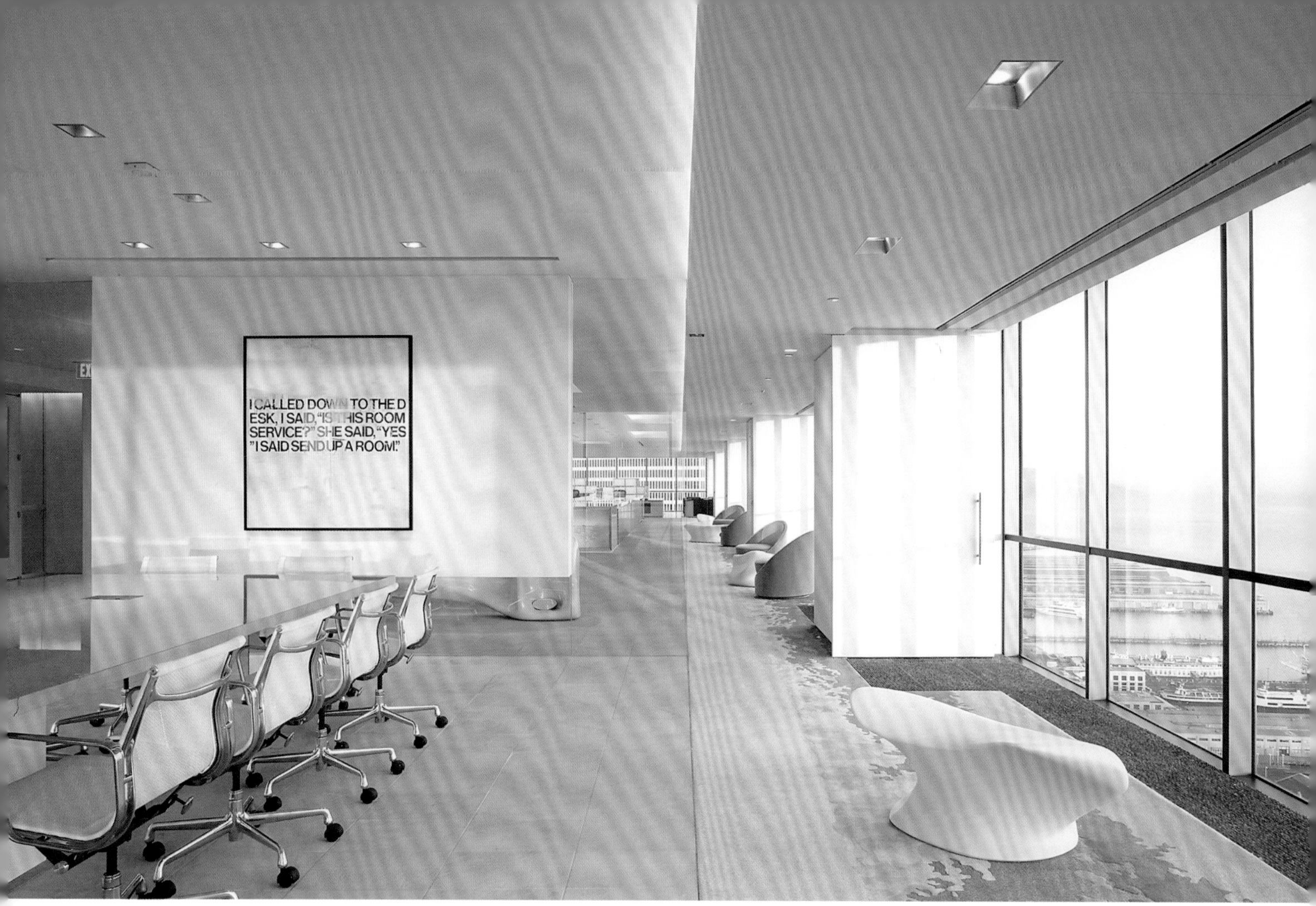

Artis
资本管理公司

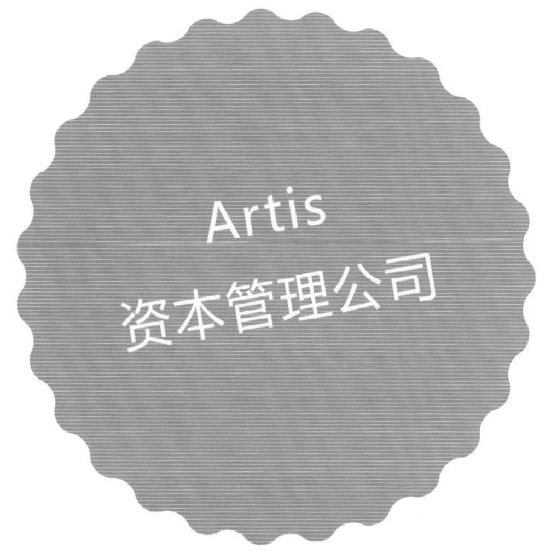

设计公司 : Rottet Studio

设计师 : Lauren Rottet

摄影师 : Eric Laignel

设计团队的目标是根据公司文化为其量身打造一个轻松的工作环境，使这间位于旧金山的 14 人办公室更像一个大家庭，他们的构想是“纯净的盒子”。室内的建筑材料、结构以及色彩的应用都充分体现一个具有纯净视觉的办公空间。服务区域作为整个办公室的核心位置，四周采用大玻璃作为围墙，从这里能够观赏到整个城市的风光。设计师专门为本项目定制了地毯，地毯边缘就像是海水打在岸边激起的层层浪花。深灰色的碎石块将整个地毯围起来，更加增添了潮水涌动的壮观景象。室内的 6 间小办公室同时扮演着迷你画廊的角色。一个巨大的门将整个办公区域隐藏起来。办公室内的一些椅子配备了脚凳，员工在这里可以像在家一样放松身心。

设计公司 : Studiofibre

设计师 : Ian Fiona Livingston

Net A Porter 办公室

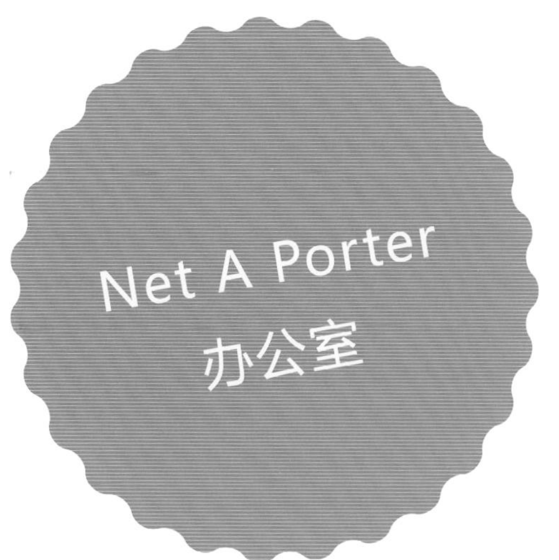

Studiofibres 事务所为 Net A Porter 设计了全新的办公环境，它是世界最大的豪华时尚“网络零售商”和现在英国增长最快的公司之一。Net A Porter 品牌既有强烈的阳刚气息，又有女性的细腻，这就是这个品牌的本质。为了打造“工作乐园”，设计师利用总部位置“不标准”的特性 (没有使用标准的办公室元素) 建立了一个三维空间来充分体现 Net A Porter 这个品牌。本设计项目是包括办公室设计、休闲设计、零售店设计以及摄影室室内设计等在内的综合性室内环境设计。这个商业空间的设计旨在为员工创造弹性的工作环境以适应快速的生活节奏。

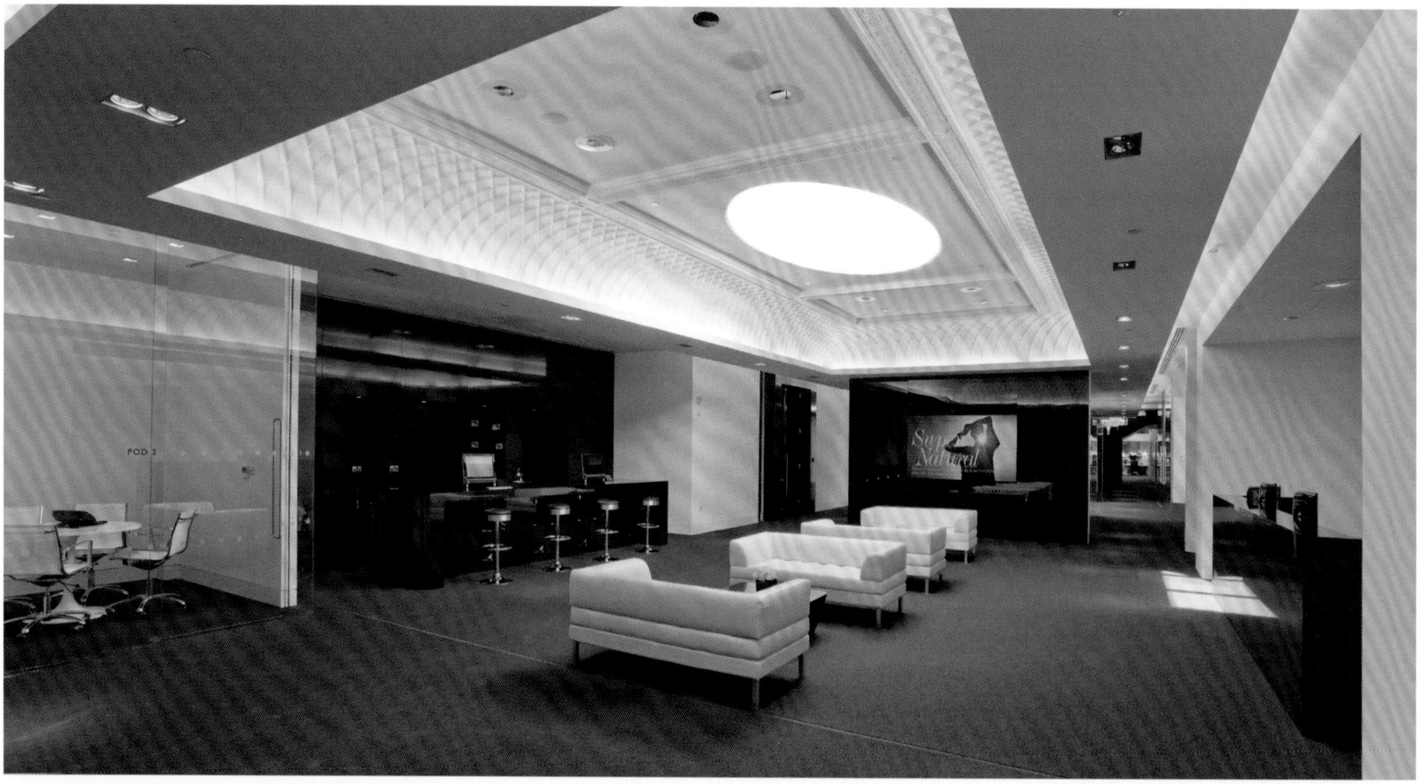

设计公司：Erginoğlu&Çalışlar Architects

设计师：İl.Kerem Erginoğlu, Hasan C. Çalışlar,

Fatih Kariptaş, Emre Erenler, Elmon Pekmez, Türkan Yılmaz

摄影师：Cemal Emden

Erginoğlu&Çalışlar Architects 事务所对一个食盐储藏库进行了改造和翻修，使之摇身一变成为 Medina Turgul DDB 广告公司的办公空间。这个拥有 170 年历史的盐库早先是土耳其国家烟酒总署的资产，它位于一个破旧的工业区内，该工业区叫做“Kasımpaşa”。设计改造此项目的挑战是使功能最大化，同时保留原有的结构的特点。该广告公司分为 5 个独立的部门，该设计项目必须满足每个部门都拥有一个独立的空间，但同时要保证每个部门之间的轻松互动。解决的方案是建造一系列的阁楼，连接各个独立空间，同时最大限度地增大能够进行工作的区域。这样做不仅没有使整个空间显得杂乱无章，也没有对建筑物原有的结构构成危害，还保有原来厚厚的石墙和高达 10 米的走廊。不同的部门和公司各个功能区域分布在这些走廊的周围。后来利用玻璃和钢筋建造起来的结构不仅没有接触到石墙结构，还使得办公室环境显得更加轻松。

为了保护建筑物原有的结构特点，所有的电线设备都被安置在天花板上。

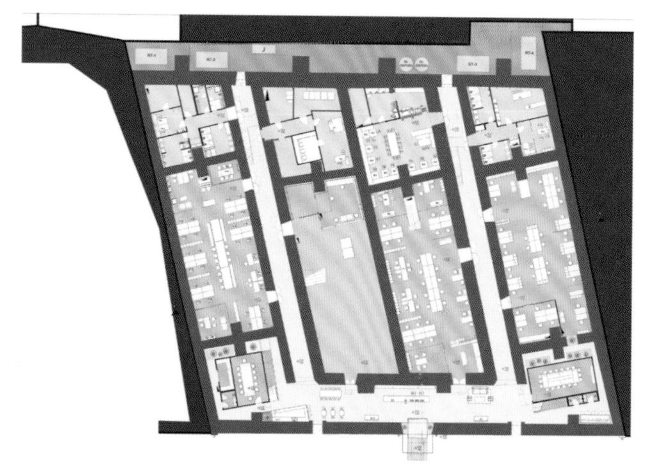

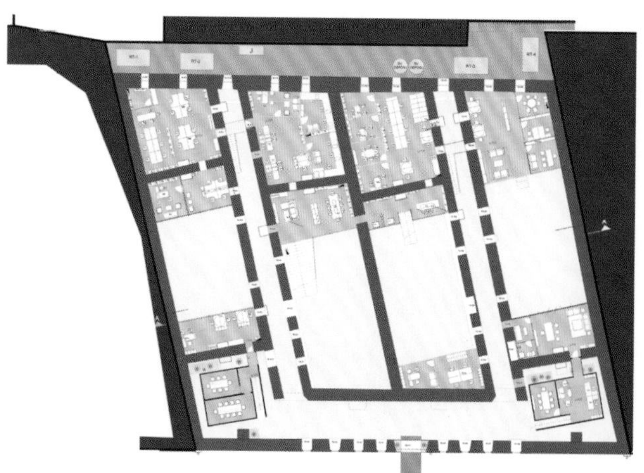

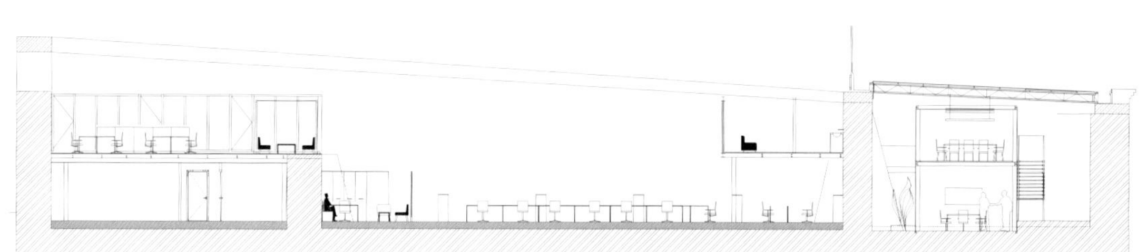

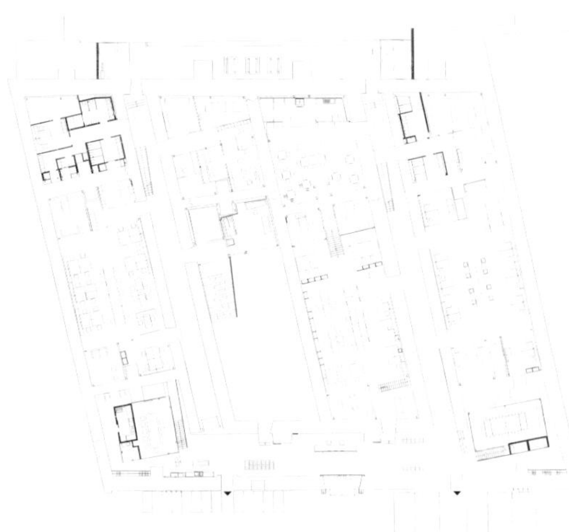

CAFE DEL
MONDO

INDEX

索引

Kokaistudios

www.kokaistudios.com

P082-089

PLAZMA

www.plazma.lt

P164-167, P176-181

koseki architecs pffice

koseki-aa.jp

P090-097

RICE+LIPKA ARCHITECTS

www.lrany.com

P130-135

LABSCAPE

www.labscape.org

P102-107

Rottet Studio

www.rottetstudio.com

P218-223

MoHen Design International

www.mohen-design.com

P072-077

Rune Fjord Aps

www.runefjord.dk

P050-053

nendo

www.nendo.jp

P068-071

Site02 Architecture

www.s-02.com

P120-129

Nikolaus Schmidt Design

www.nikolausschmidt.com

P182-187

sprikk

www.sprikk.com

P206-211

Studio D+FORM

www.studiodform.com
P054-057

Studio27 Architecture

www.studio27arch.com
P136-139

Studiofibre

www.niche-pr.co.uk
P224-229

Tonkin Zulaikha Greer

www.tzg.com.au
P108-115

Vladimir Paripovic, architect

www.behance.net/pa-ri
P010-019

waltritsch a+u

www.studiowau.it
P038-045

za bor architects

www.zabor.net
P160-163, 200-205, 212-217

Zecc Architecten BV

www.zecc.nl
P140-145, 146-153